知りたい!サイエンス

クルマの渋滞 アリの行列

渋滞学が教える「混雑」の真相

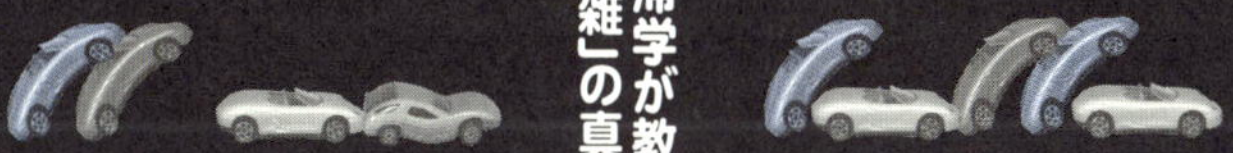

西成活裕＝著

渋滞という言葉で何を連想するだろうか。**ノロノロ運転**の高速道路か**信号待ち**の車列か、いずれにしても不快感をともなう光景が脳裏に浮かぶ。
本書で解説する**渋滞学**は、**渋滞**に関する学問ではあるが、日常で使われている**「渋滞」**という言葉をかなり広い意味で使っている。
スーパーの**レジ待ちの行列**、朝の**満員電車**、人気絵画前の**人混み**など、**混雑**や**行列**は日常いたるところで見られ、そしてどれも**渋滞学**の対象となる。
本書ではこれら広い**「渋滞」**がなぜ、どのようにできるのかを解明しそれを避ける方法にも触れる。

技術評論社

はじめに

「渋滞」という言葉はいつ生まれたのだろうか。すでに紀元前のローマでは馬車の渋滞があったという話があるし、また民族大移動などで人や馬車の大渋滞があったことは容易に想像できる。しかし、やはり1960年代以降の高度成長時代から、車の普及とともに、本格的にこの言葉が使われ始めたのではないだろうか。

私たちが住んでいる日本は、世界でもトップクラスの過密国だ。さらに関東地方には日本の総人口の約3分の1が住んでいて、東京に至っては1平方キロメートルあたり1万3千5百人という桁違いの人口密度だ。このような集中はどんどん進んできていて、車や人の渋滞がますますひどくなっているのを感じる。

筆者はもともと数理物理学の専門だが、渋滞ストレスの多い社会をこれ以上黙って見ていられなくなった。そこで、約10年前から新しく始めた研究が渋滞学だ。英語でジャモロジー(Jammology)と命名したが、まだ皆さんの辞書には載っていないと思う。アリもインターネットも渋滞する。このようなさまざまな渋滞を分野横断的に分析し、渋滞緩和作戦を考えるのはとてもやりがいがある。そして本書を通じ、渋滞ストレスのない社会にするにはどうしたらよいのかを皆さんと一緒に考えてみたい。

目次

Contents

目次

第1章

渋滞学とは何だろう

1-1 渋滞学とは何だろう

車からアリまで、渋滞にもいろいろある

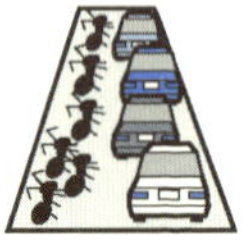

渋滞という言葉で皆さんは何を連想するだろうか。おそらくノロノロ運転状態の高速道路か、それとも信号待ちをしている車の長い列か、いずれにしても不快感とともに車の渋滞の光景が脳裏に浮かんでくるのではないだろうか。本書で述べる渋滞学とは、もちろん渋滞に関する学問ではあるが、実は日常で使われている「渋滞」という言葉をかなり広い意味で使っているのだ。この新しい渋滞の科学について理解するために、はじめに渋滞とは何か、ということについて改めて考えてみよう。

身の回りの「渋滞」を探してみると…

たとえば、次のような経験を持つ人も多いだろう。

① 高速道路に乗ったが渋滞に巻き込まれた。なかなか車が進まない。ちょっと進んだと思ったらまた止まってしまった。しばらくそのような状態を繰り返していたら急に車が動き出した。とくに事故や工事があったわけではない。今の渋滞は何だったのだろう。

②　人気のラーメン店に行こうと車で出かけた。しかし店に着くと、駐車場に入ろうとしている車の長い列が道路の端にできていた。さらに店の入口に人の行列も見えた。仕方がない、今日はラーメンはおあずけだ。

③　近所に大きなスーパーができた。そこで買い物をしようとレジに並んだが、混んでいてなかなか自分の順番が来ない。待っているうちに、隣のレジの列のほうが速く進み、自分よりあとに来てそこに並んでいた人が先に勘定を済ませて帰っていった。

④　待ち合わせ時間に遅れそうなので、足早にその場所に向かった。しかし混んでいてなかなか思うように進めない。前にゆっくり歩いている人がいるので避けようとしたら、今度は隣を歩いている人にぶつかってしまった。

⑤ 朝の満員の通勤電車の中。自分の降りる駅ではあまり人が降りないため、いつも降りるのにひと苦労する。乗るときに降りるときのことも考えて、あまり奥に行かないように注意する。それでも押されて奥に行ってしまったときは大変だ。降りるために体を横にしてやっとの思いで出口まですり抜けていかなければならない。荷物も邪魔にならないようになるべく小さいカバンを持つように心がけている。

⑥ 美術館に絵を観に行った。人気のある絵のところには人だかりができていて、なかなかその前が空かない。脇にある絵の説明書きも読みたいのだが、皆じっくり読んでいる様子でまったくどいてくれない。このまま待つか、他の絵を先に観るか。

④

⑤

⑥

嫌われる渋滞、好まれる渋滞、「渋滞」にもいろいろある

これらの例でわかるとおり、混雑や行列は日常いたるところで見られ、例を挙げればきりがない。そして、どれも巻き込まれてしまうと人はイライラする。このような、人にイライラ感をもたらすものすべてを渋滞という言葉でまとめてみると、もっといろいろなものを渋滞としてまとめてみたくなる。

さらに人以外の生物、たとえばアリも行列を作るが、やはり同じようにイライラしているのだろうか。アリに直接聞いてみなければ本当のところはわからないが、それはもちろん無理な話なので「渋滞している」という何か客観的な証拠や基準があればう

イライラするものをすべて「渋滞」としてまとめてみると…

れしい。また、インターネットをしていて、ホームページの表示などが遅いと感じるときがたまにある。これは多くの人がそのホームページにアクセスしているためと考えられ、やはり通信の渋滞といえる。災害時やチケット予約の際に電話回線がつながりにくくなるのも同じだ。

このような生物ではないものには感情がないので、イライラしているわけではないが、「渋滞している」という客観的な基準があれば、それと照らし合わせて、今渋滞している、ということが判断できるのだ。

また、立場を変えてみると、たとえばラーメン店の店主は店の前に行列ができていると聞けば売り上げが大きく伸びることにつながり、とてもうれしくなるだろう。この例でわかるとおり、渋滞は人にイライラ感をもたらすものと一概にはいえない。好ましい渋滞はビジネスチャンスにもつながるのだ。

このように、渋滞という言葉が適用できる対象は極めて広く、車はもちろん、人やアリなどの群れをなす生物、またインターネットのパケットの流れなどがあり、さらには私たちの体内のさまざまなタンパク質の流れ*の渋滞と病気との関係なども挙げられる。そして渋滞学とは、このような広い意味での流れとそれらの渋滞を横断的に扱う新しい学問なのだ。

＊**タンパク質の流れ**
体内の神経細胞は、まさにさまざまなタンパク質が流れている高速道路と考えることができる。この流れがどこかで渋滞すると、アルツハイマー病などの神経疾患につながる。

渋滞を起こす主人公は、自分の判断やルールで動く「粒子」

こうした一見異なる流れを並べて比較してみると、渋滞を起こす主人公は、すべて一種の「粒子」と考えることができる。ただしその粒子は、さまざまな個性や大きさを持っていて、いろいろな決まりに従って、ときには勝手に動いている。車とアリでは大きさや速さがだいぶ違うが、渋滞学ではどちらも一種の「粒子」と考える。

また、これらの「粒子」のほとんどすべてに共通する性質として、自分の前が空いていれば進めるが、前が詰まっていれば動けないのでじっとしている、ということが挙げられる。あとの章でこの性質を使って渋滞現象のさまざまな重要な性質を導く。

渋滞学では、このような新しい粒子のことを「自己駆動粒子」と呼んでいる。ちょっと聞き慣れない言葉だが、自己駆動とは、誰かに背中を押されなくても自分の意思やあるルールに従って動くことができる、という意味であり、車や生物などを抽象化してこう呼んでいる。

実はこの自己駆動という考え方が、これまでの学問にはあまり見られない新しい特徴なのだ。たとえばニュートン*以来の300年の伝統を持つ物理学は、意思を持った粒子、というものを研究対象として扱ってこなかった。水や空気などの分子はもちろ

＊ニュートン
イギリス生まれのニュートンは、1687年に「プリンキピア」を刊行し、運動の法則を数学を用いて体系化し、以降の自然科学研究の基盤を築いた。またこの数学が後に微分積分学へ発展した。

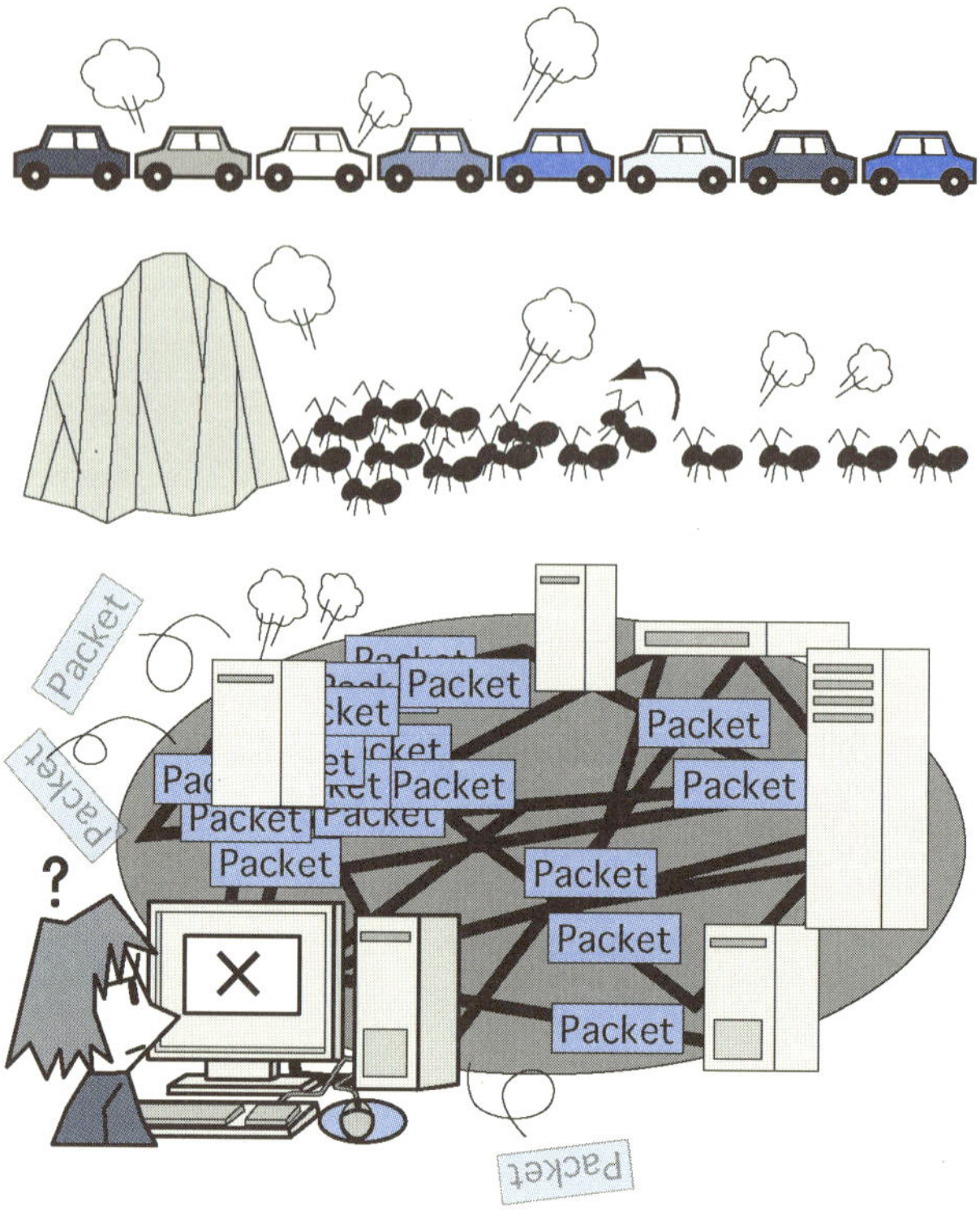

自動車、アリ、インターネットの
パケット…
これらは「自己駆動粒子」として、
渋滞学の対象となる

ボールは外から力を加えずに
急に動き出したり止まったりはしない

従来のサイエンスは
このような「粒子」を扱ってきた

ん、野球のボールなどはすべて意思を持っていない。こういった自己駆動しないものの動きのみをこれまで物理学は解析してきた。

しかし人間は、誰かに押されなくても自分の意志で動き始めることができるし、急に止まることもできる。目の前にある野球のボールが外から力を加えずに急に動いたり止まったりするわけはないが、生物などは単独で気ままに動くことができる。こういう粒子の集団を考えているところが、従来のサイエンスとは異なる点だ。したがって、渋滞学は、物理学やそれを記述する数学にも新しい貢献ができる学問なのだ。

以上より、渋滞学とは、少し硬い表現でいえば、

自己駆動粒子の流れとその渋滞について研究する学問

といえる。何かの粒子の流れがあれば、必ず渋滞も起こる。このような発想でさまざまな分野を横断しながら渋滞現象に想いを巡らすのが渋滞学だ。そしてある分野での知識は他の分野の渋滞解消にもしかしたら使えるかもしれない。渋滞の解明と同時に解消をも目指して研究していく学問なのだ。このように、さまざまな分野にまたがって渋滞を考える際に重要となるのが「渋滞している」という状態の客観的な基準だ。これは渋滞学の基盤になるものなので、それを次に説明したい。

1-2 渋滞学とは何だろう

「基本図」から見えてくる渋滞のしくみ

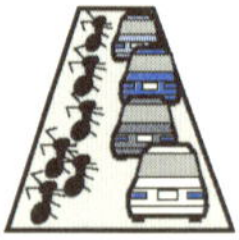

渋滞している、とはどういう状態なのだろうか。何となくイメージはわかるけれど、はっきりと答えるのは難しい、という人が多いのではないだろうか。たとえば一般の高速道路における渋滞とは、各高速道路株式会社*では

時速40キロメートル程度以下で低速走行あるいは停発進を繰り返す車列が、長さ1キロメートル程度以上かつ15分以上継続した状態

と定めている。そしてこの条件が満たされたときに、渋滞情報として道路の電光掲示板やラジオなどで私たちに告知される。

しかし首都高速道路では時速20キロメートル以下が渋滞の基準であり、一般の高速道路の時速40キロメートル以下とは異なる。このように高速道路を例にとっても、都市部とその他一般とでは同じ基準は使われていない。それなのに、すべてに共通する渋滞の定義というのは可能なのだろうか。

＊**高速道路株式会社**
2005年10月より、特殊法人であった日本道路公団は東日本・中日本・西日本の高速道路株式会社などに分割民営化された。そのほか、民営化により首都高速道路公団は首都高速道路株式会社へ、また阪神高速道路公団は阪神高速道路株式会社になった。

渋滞学の第一歩は、基本図を理解すること

実はそれを可能にしてくれるものが基本図だ。名前の由来だが、あまりにも重要で基本的なものなので、慣習上こう呼んでいる。この考えを用いれば、どのような問題でも「渋滞している」という状態が客観的に定義でき、また渋滞している状態と渋滞していない状態との「境目」の様子もわかるのだ。この基本図の理解が渋滞学の第一歩なのだ。

まずは基本図の実物をご覧いただきたい。次ページの図１‐１は、東名高速道路における車の基本図の例だ。また、あわせて人とアリの行列の基本図も載せたので、見比べてほしい。これらはどれもおおよそ山のような形をしていることがわかるだろう。

それでは図１‐１の横軸と縦軸の説明から始めよう。基本図とは、横軸に「密度」、縦軸に「流量」をとったものをいう。これらの定義は次のようなものだ。

密度……ある区間に、粒子がどれだけいるのかを表す量

流量……ある時間内に、その区間のある地点を粒子がいくつ通過したかを表す量

定義はたったこれだけだが、ややわかりにくいため、順に具体的に説明しよう。ま

図1-1　基本図の例

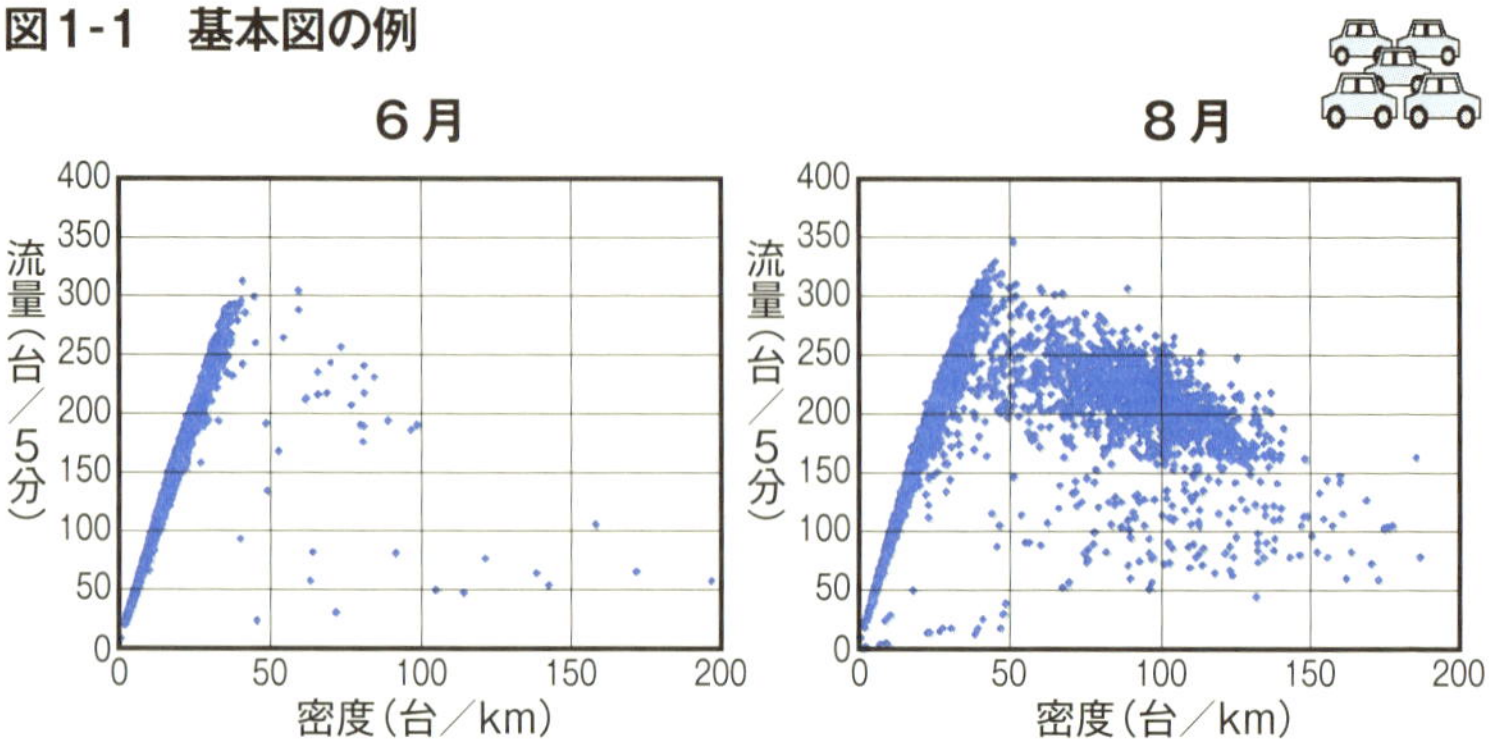

東名高速道路における静岡県焼津市付近の上り方面のデータ（旧日本道路公団提供）。1996年のもので、左がすいている6月の1カ月間のデータで、右が混雑している8月のデータ。5分ごとに流量と密度を計測して1つの点を打ってある。混雑すると図の高密度側にたくさんの点が現れてくる。

図1-2　人の基本図

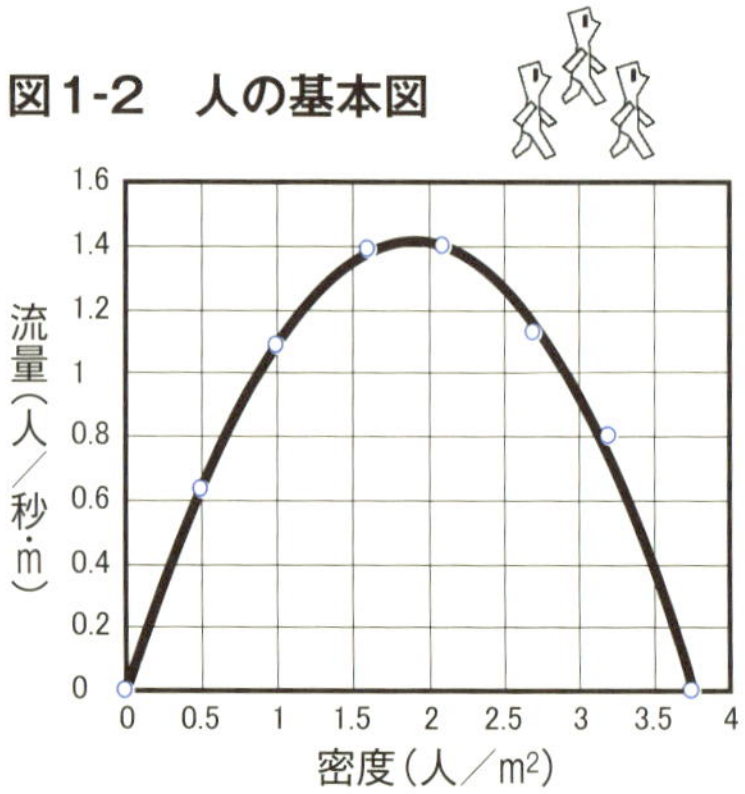

都市における人の通常歩行での基本図。人の歩行は年齢層、目的や状態によって変化するが、この基本図は最も一般的な歩行状態（さまざまな年齢層）での観測結果だ(国際会議PED2001会議録やFire Protection Engineering(NFDA)などの資料より)。これによれば、人の基本図も単純な山形をしていることがわかる。

図1-3　アリの基本図

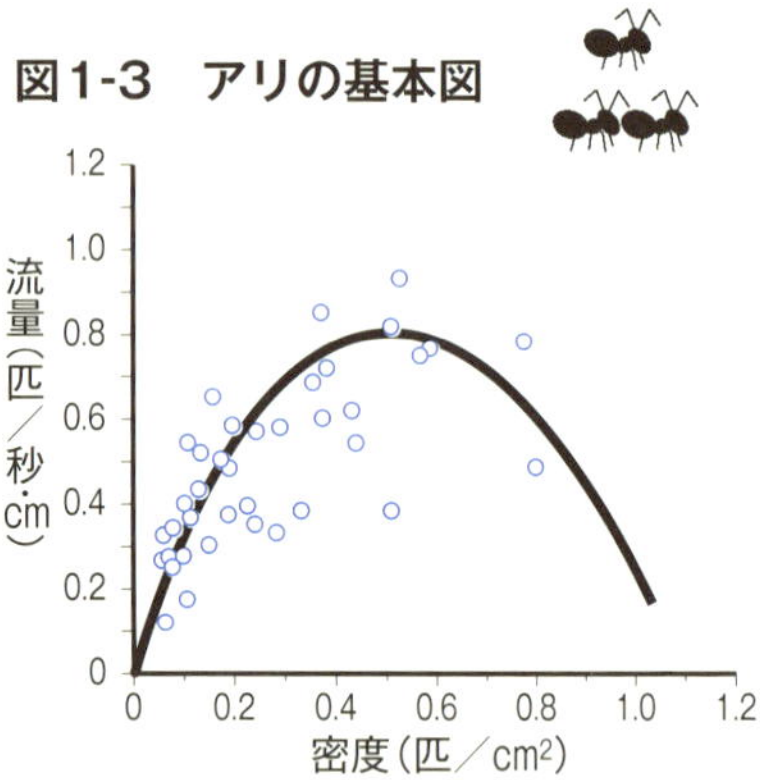

ハキリアリのデータ（オーストラリアのバード教授より提供）。図の曲線はデータ点の平均を表しており、おおよそ山形をしていることがわかる。

ずは密度だが、たとえば5キロメートルの区間に車が10台いれば、その密度は1キロメートルあたり平均して2台である、という(下図①)。また、100メートルの長さの道に3台車がいれば、密度は1キロメートルあたり30台だ(下図②)。

このように高速道路の場合、1キロメートル区間あたり平均何台いるか、という単位で表すことが多いが、別に1キロメートルでなくてもよい。人の場合はたとえば10メートルの長さに5人いれば、1メートルあたり平均して0・5人いる、というのが密度だ(下図③)。この場合の区間は1メートルがよく使われ、アリの場合は1センチメートル区間がよく使われる(下図④)。

つまり粒子のだいたいの大きさに応じて

図1-4 「密度」の定義

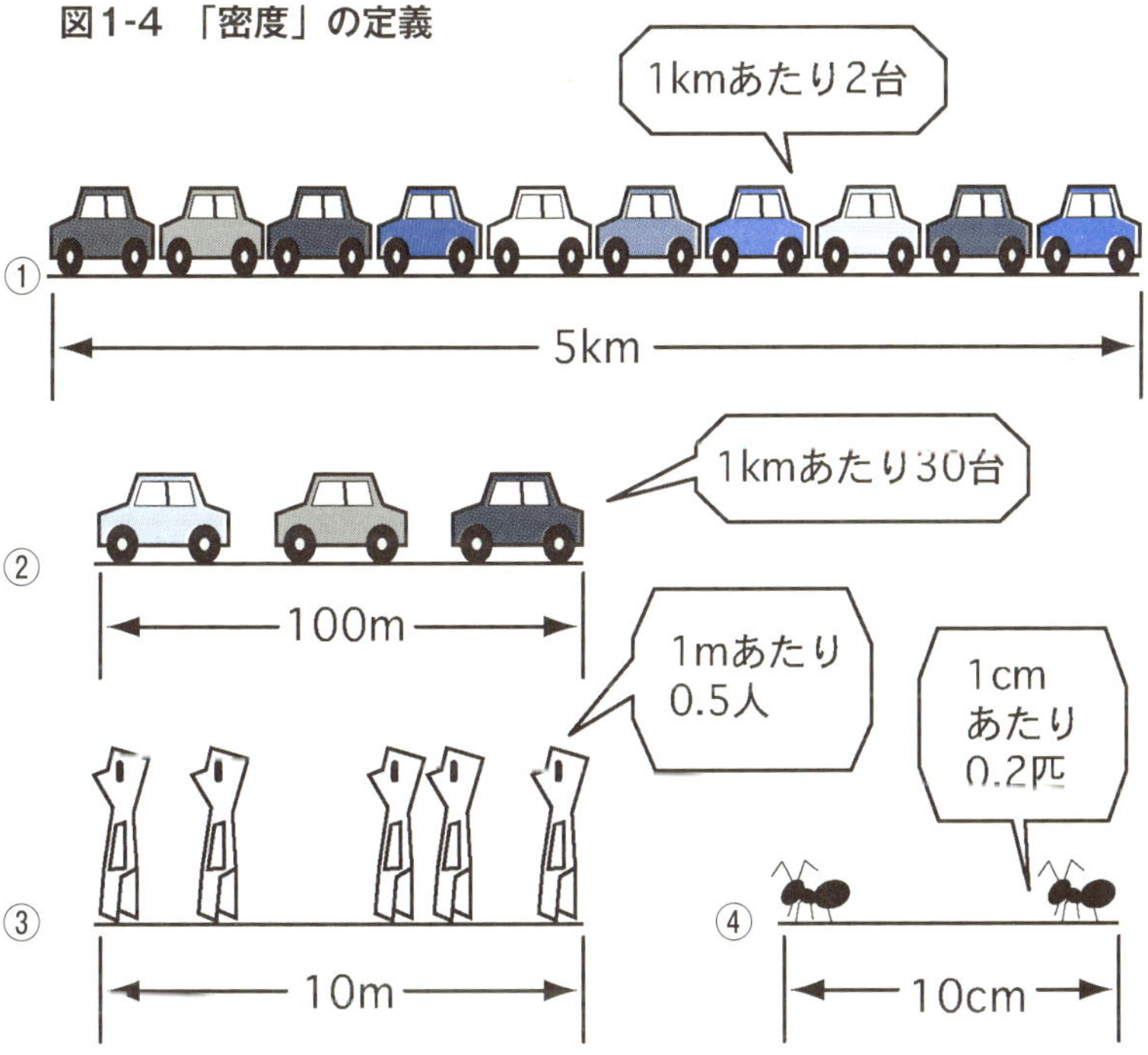
1kmあたり2台
①
5km
1kmあたり30台
②
100m
1mあたり
0.5人
1cm
あたり
0.2匹
③
10m
④
10cm

区間の単位を選べばよい。

このように密度という量は、その粒子の大きさによらず混み具合を表すのにちょうどよいのだ。また、ある長さの区間内で平均をとって考えるので、横軸は本当は「平均密度」といったほうがより正確だが、別に言葉はあまり細かく気にする必要はないので、本書ではただの密度と呼ぶ。

一定時間ごとの通過量＝流量の測り方

次に流量だが、これは人の場合、ある場所に立って目の前を通過する人の数を数えることで測られるものだ。イスにじっと座ってカウンターをカチャカチャ押している通行量調査の人をたまに街で見かけるが、それを想像してもらえればよい。ただし、人々が四方八方に動いていると数えるのが難しくなるため、通常は細い通路を同じ方向に歩いているような、一方向のみの流れについて流量を定義する。

車でも、道路のある地点を決めて、そこを5分間に何台車が通過したかをカウントする。この時間は5分でも1分でもよいが、一般にあまり短いと流量の値の変動が大きくなり、きれいな時間変化のデータが得られない。また、あまり長すぎると流量の変化が平均化されて消されてしまうこともあり、大事な渋滞サインを見過ごす可能性がある。車の場合は、もともと道路に設置してある自動カウンターが5分平均の設定になっているので、これに従う場合が多いが、経験的にもこのくらいがちょうどよい。そして流量が多ければそれだけ目の前を横切っていく粒子が多くなるため、よく流れている状況を表しており、逆に渋滞でほとんど動かなくなると、目の前の粒子は通過せずに止まっているため流量はゼロに近くなる。

ちなみに流量を測る地点は、密度を計算する区間の中心付近がよいが、その測定場所を変えても、あまり流量の値が変わらないことが望ましい。つまりその区間内ではあまり流れの様子が変化してはならない。それゆえ、区間の長さをあまり長くとるのはよくない。車の場合は1キロメートルという区間長だが、これは高速道路の場合は問題ないが、市街地の場合はもっと短くとる必要がある。

図1-5 「流量」の定義

5分で6台通過
流量
0006
7
6
ある場所を一定時間に何台通過したかが流量

これが渋滞の新しい定義

以上の密度と流量の説明により、基本図とは粒子密度の増加に伴ってどれだけ流量が変化するか、という情報を表していることがわかったと思う。この流量と密度の関係を高速道路の車の例でさらに詳しく説明しよう。

まず密度がゼロのときは、車はいないのでもちろん流量もゼロだ。そして密度が小さいとき、道はすいているため、車はどれも時速100キロメートル程度で快適に走っている。このようなときは、目の前を通過する車の台数は、密度が倍になれば当然倍に増える。つまり自由に流れているとき、流量は密度に比例して増えていくのだ。これが基本図において密度が低いうちは流量が直線的に伸びていく理由だ。

しかしだんだん車が多くなって密度が高くなってくると、前を走る車がやや邪魔になってきて、これまでどおり自由に走れなくなる。このように密度が増加すると、車間距離もどんどん短くなり一般に速度が落ちてくる。

すると、これまで増加していた流量はどこかで減少に転じなければならないことがわかる。なぜならほとんどの車が止まってしまうような完全渋滞状態では、流量は明らかにゼロに近くなるので、いつまでも増加することはありえないからだ。つまり流量はゼロからはじまって、密度の増加とともに増えていき、どこかで減少して完全停止の渋滞で再びゼロになるのだ。テレビでびっしりと車が連なって止まっている渋滞の映像をよく見るが、この完全停止の密度は1キロメートルあたりおよそ150台だ。

以上の振る舞いを図に表したものが基本図だ。その形は下図のように山のような形をしていることが理解できるだろう。そして、この流量が減少に転じるときの密度、あるいは同じことだが、流量が最大になる密度を「臨界密度」と呼ぶ。

ここにきてはじめて「渋滞とは何か」をきちんと定義できる。つまり基本図を描くと、どれもそのカーブは山のような形をしているが、

密度が臨界密度以下のときが渋滞していない状態、臨界密度以上が渋滞している状態

と定めればよい。そしてちょうど臨界密度のときが渋滞と非渋滞の境目になっているのだ。自己駆動粒子が自由な流れを続けられず、流量が減少し始める密度以上になった状態が、渋滞学における渋滞

図1-6
渋滞の新しい定義

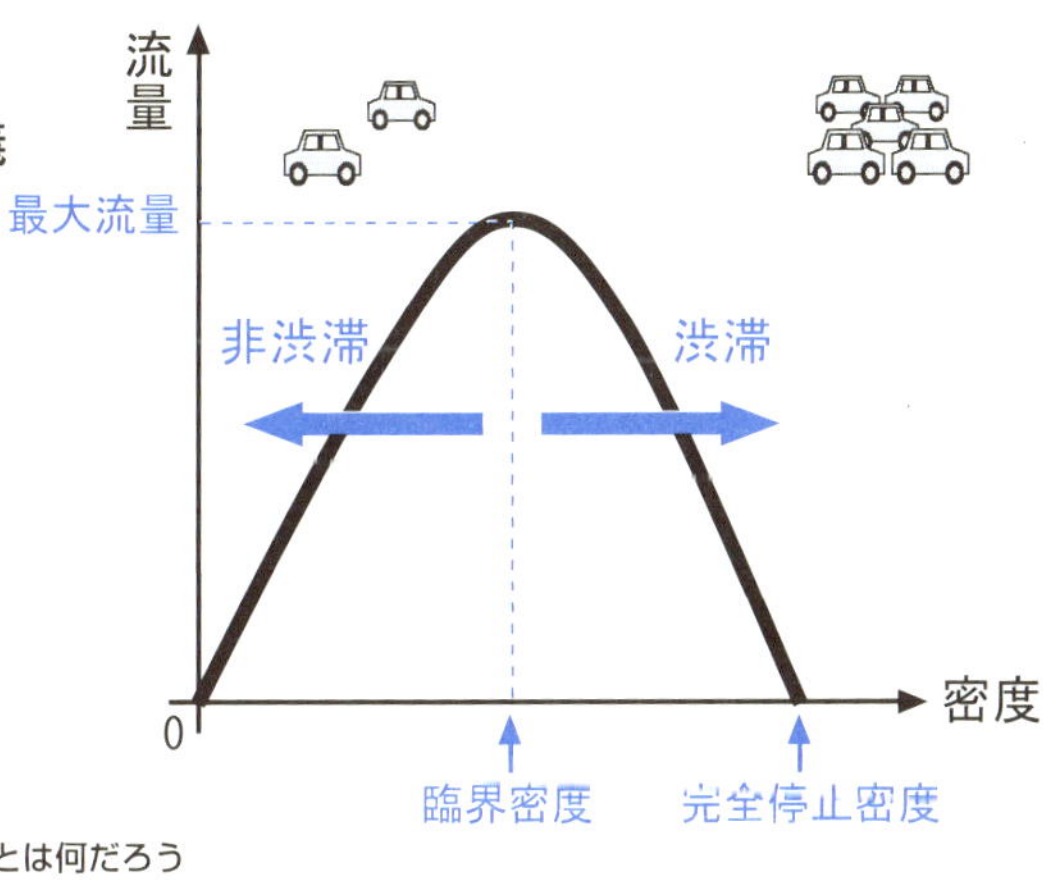

の定義だ。

はじめに車や人、アリの基本図を見た(図1‐1、1‐2、1‐3)が、どれもだいたい山の形をしている。ここから臨界密度を読み取ることができ、それによっていつから渋滞する、ということが客観的にいえるのだ。

たとえば車の臨界密度は図1‐1より、およそ50台となっている。このデータは2車線合計の値なので、1車線あたり25台、車間距離にして約40メートルだ。この車間距離以下に車がつまったときに渋滞しているというのだ。

人の場合、図1‐2の基本図によれば、1平方メートルの面積に2人いるくらいの密度が臨界密度だ。ここで、普通は直線の上のみを動く人々を考えているわけではないため、密度の定義は多少幅を持たせて1平方メートルの面積に何人というういい方をしている。いわゆる人口密度と同じことだ。

アリの場合も、その臨界密度は同様に幅を持たせて、1平方センチメートルの領域に0.5匹程度だ(図1‐3)。ただしこれは体長約1センチメートルのハキリアリ*の場合に得られたデータであり、アリどうしの距離でいえば、約1センチメートル程度だ。したがってアリ間距離が自分の体長くらいの間隔まで小さくなったときに渋滞しているといえる。

＊ハキリアリ
中南米の熱帯雨林に多く見られ、葉をアゴで小さくかみ切って運ぶ体長1cmほどのアリ。この葉は食べるためではなく、巣に持ち帰りキノコ類の栽培のために使われている。

渋滞の新しい定義を、従来の定義と比較してみる

それでは、この新しい定義を従来の車の渋滞の定義と比較してみよう。そのためにまず、一般高速道路における密度と速度の関係図を見てみよう。また、同じ場所の基本図も同時に示した(次ページの図1-7)。

この基本図によれば、1キロメートルあたり25台が臨界密度だ。これは前に挙げたものと場所も時間も異なるものだが、同じ臨界密度になっていることに注意しよう。この臨界密度について、筆者は日本中の大部分の高速道路のデータを調べたが、どこもほぼ同じような値になっていることがわかった。そして密度と速度の関係図より、この臨界密度のときの速度は時速約60キロメートルになっている。これが渋滞開始の速度なのだ。

次に首都高を見てみよう(次ページの図1-8)。臨界密度は20%となっているが、このときの速度を同様に読みとると、時速約55キロメートルだ。ちなみにこの首都高のデータにおける密度とは、完全停止のときの密度を100%として、相対的に表示したものだ。首都高のほうがやや低めに出ているが、どちらも従来の渋滞の定義よりは大きい。

図1-7　一般高速道路(8 月)の基本図と速度密度図

①流量密度図（基本図）

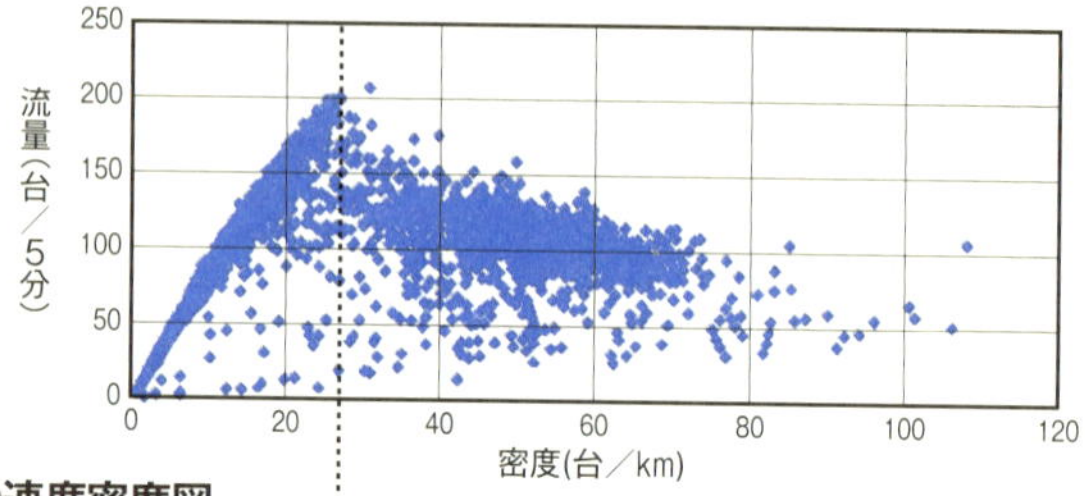

②速度密度図

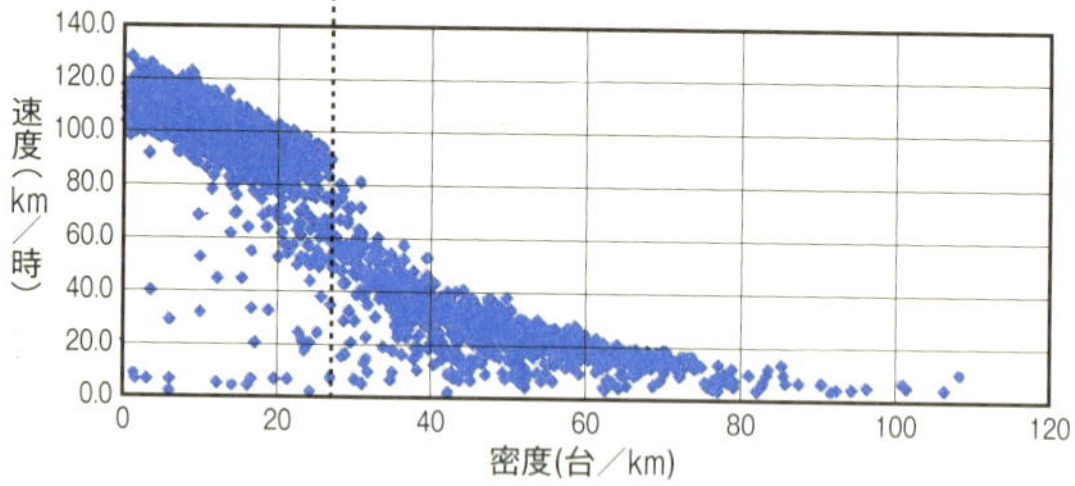

図1-8　首都高速道路(4 月)の基本図と速度密度図

①流量密度図（基本図）

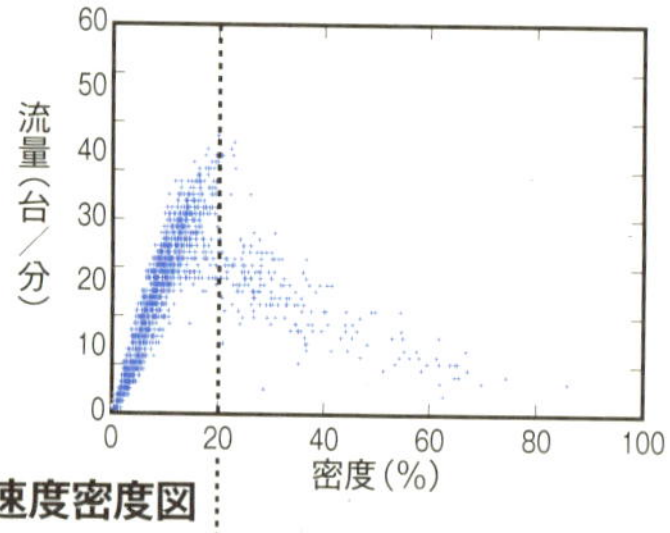

②速度密度図

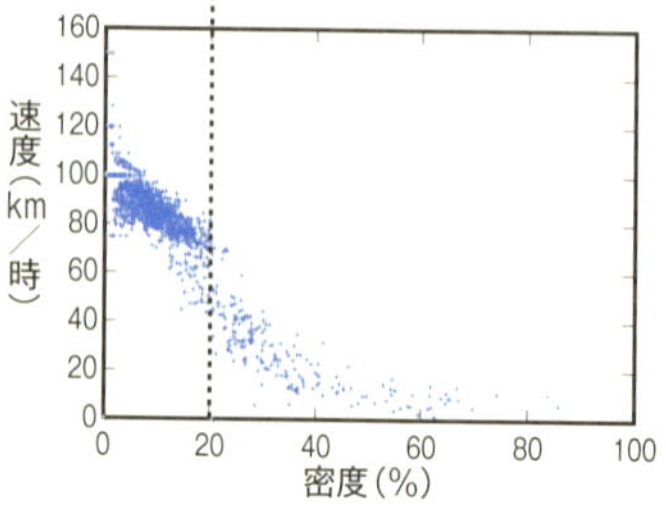

流量密度図と、それに対応する速度密度図で一般高速道路と首都高速道路のものを載せたので、比べてみてほしい。どちらも同じような形をしていることがわかる

この2つの図を組み合わせると臨界密度での平均速度が読み取れる

なお、一般高速道路は図 1－1 と同じものだが、追い越し車線のみを示したもの

首都高速道路は 2006 年 4 月の小菅ジャンクション付近外回りのデータ

以上により、従来の定義にある時速40キロメートルや時速20キロメートルとは、渋滞の臨界密度をとっくに通り越して完全に渋滞側になっている状態であることがわかる。つまり、従来の定義の渋滞とは、渋滞になってしまったあとのある状態、という意味で用いているため、基本図の右下がりの領域のどのあたりを指すかで異なってくるのだ。

これに対して渋滞学では、すべて基本図を用いて「渋滞の開始」というものを定義し、渋滞していない状態から渋滞している状態への変化の過程を重要視している。この状態変化のことを渋滞学では「相転移」*と呼んでいる。

この言葉は物理学から拝借しており、たとえば水の温度を下げていけば0℃で氷になるが、こういった状態変化を物理学では相転移という。この物理の例では液相から固相への相転移だが、車の場合も同じで、自由に流れていた状態が、密度の上昇とともに流れにくくなり「固まって」しまうような状態へ変化すると考えれば、「自由走行相から渋滞相への相転移」、という表現は、やや堅苦しいけれども極めて自然なものであることがわかるだろう。

＊**相転移**
物質は一般に固体、液体、気体の状態をとるが、この状態が変化する現象を相転移という。蒸発や融解などがこれにあたる。また、磁石もある温度以上になると磁石の性質を失うが、これも磁化状態が変化するという意味で相転移だ。

自然渋滞が発生する直前に現れる特異な状態

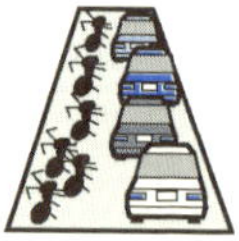

車の基本図を再び見てみよう。それはよく見ると単純な山形というよりも、漢字の「人」の形のように見える。つまり渋滞していない部分が少し突出したような形になっている。これは極めて重要な車の流れの性質で、人やアリの基本図には見られないものだ。人やアリの場合、基本図はただの丸い山形をしており、人型のような形ではない。なぜこのような違いがあるのだろうか。

準安定状態は、ちょっとしたきっかけで渋滞に変わる不安定な状態

これを考えるためのヒントが物理学にある。先ほど水を冷やすと0℃で氷になる、と書いたが、本当にぴったり0℃で氷になるのだろうか。実は0℃以下になっても氷にならない「過冷却」*といわれる状態も存在する。本来ならば氷になる温度なのだが、ゆっくり静かに冷やしていくと、このような状態を作ることができる。

これはよく手品の種として使われる。手品はかなりハイテクな科学技術を使っている場合が多い。0℃以下の過冷却状態の水は、今にも氷になろうとしている不安定な

＊**過冷却**
液体から固体への相転移は通常はある決まった臨界温度で起こるが、この臨界温度以下に冷やしてもまだ液体のままでいる準安定な状態。この準安定状態が見られるような相転移を1次相転移と呼ぶ。

図1-9　準安定状態がある場合の基本図の模式図

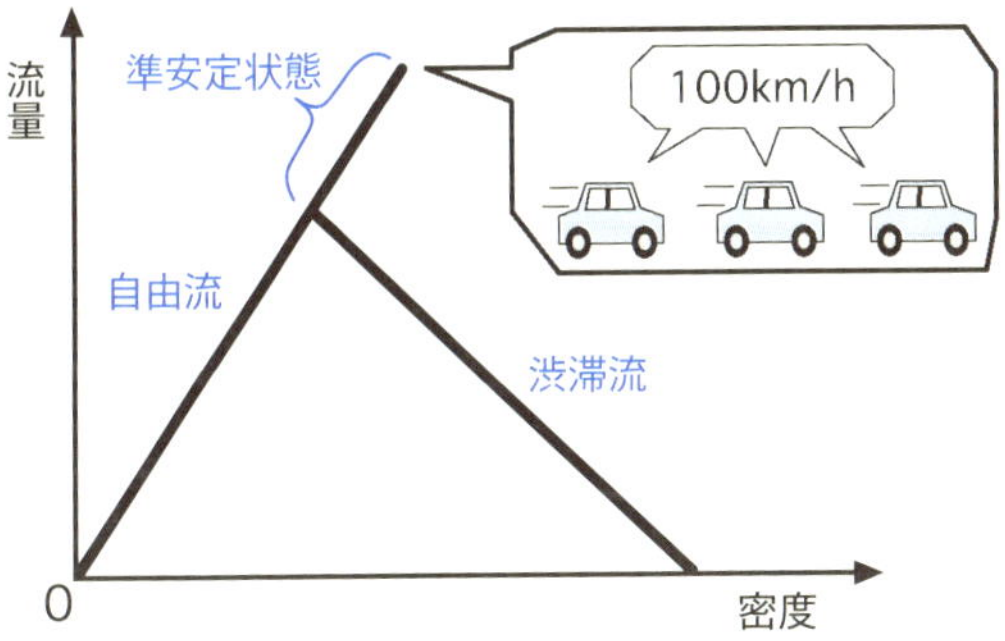

準安定な部分は自由流部分が伸びた部分で、これは車間距離を詰めて高速で走っている危ない状態だ

基本図は全体として漢字の「人」の形をしている。西洋では漢字はないので「逆ラムダ(λ)」型と呼んでいる

状態だ。そのため、ちょっと振動を加えて刺激するだけで、急に氷になるのだ。したがって、目の前に水の入った透明の容器があり、それをちょっと振るだけで氷になる、という手品は、たいていの場合この原理を使っている。

車の場合、基本図で自由流が突出した部分は、この過冷却状態と同じように考えることができる。温度を下げる、という操作が、車の場合は密度を上げるというものに対応している。したがって、自由に流れている状態から車を増やして密度を上げていくと、ある密度で渋滞が起こる。しかし、そっと車を増やしつづければ、渋滞せずにうまく流れている状態を作り出すことができるだろう。つまり、車間距離が40メートル以下になっても、うまく走れば速度を落とさずに走れる可能性がある。

たしかに、運転に慣れたドライバーどうしなら、車間距離をかなり詰めても、時速100キロメートル近くで走ることができる。しかし、それが何台も連なった状態は極めて危険であることが想像できるだろう。誰かがちょっとでもブレーキランプを点滅させると大事故になりかねない。普通の人が自由走行の時速100キロメートルを維持したまま、安定に走ることができる車間距離の限界は、通常40メートルだが、実際は自然にこれより少しだけ詰まってしまうこともあるだろう。この状態こそが自由走行が突出した部分の正体なのだ。

これはとても不安定な状態で、ブレーキランプなどのちょっとしたきっかけで渋滞に変わってしまう。したがって通常は長く

図1-10 「準安定状態」は衝突寸前の危ない状態

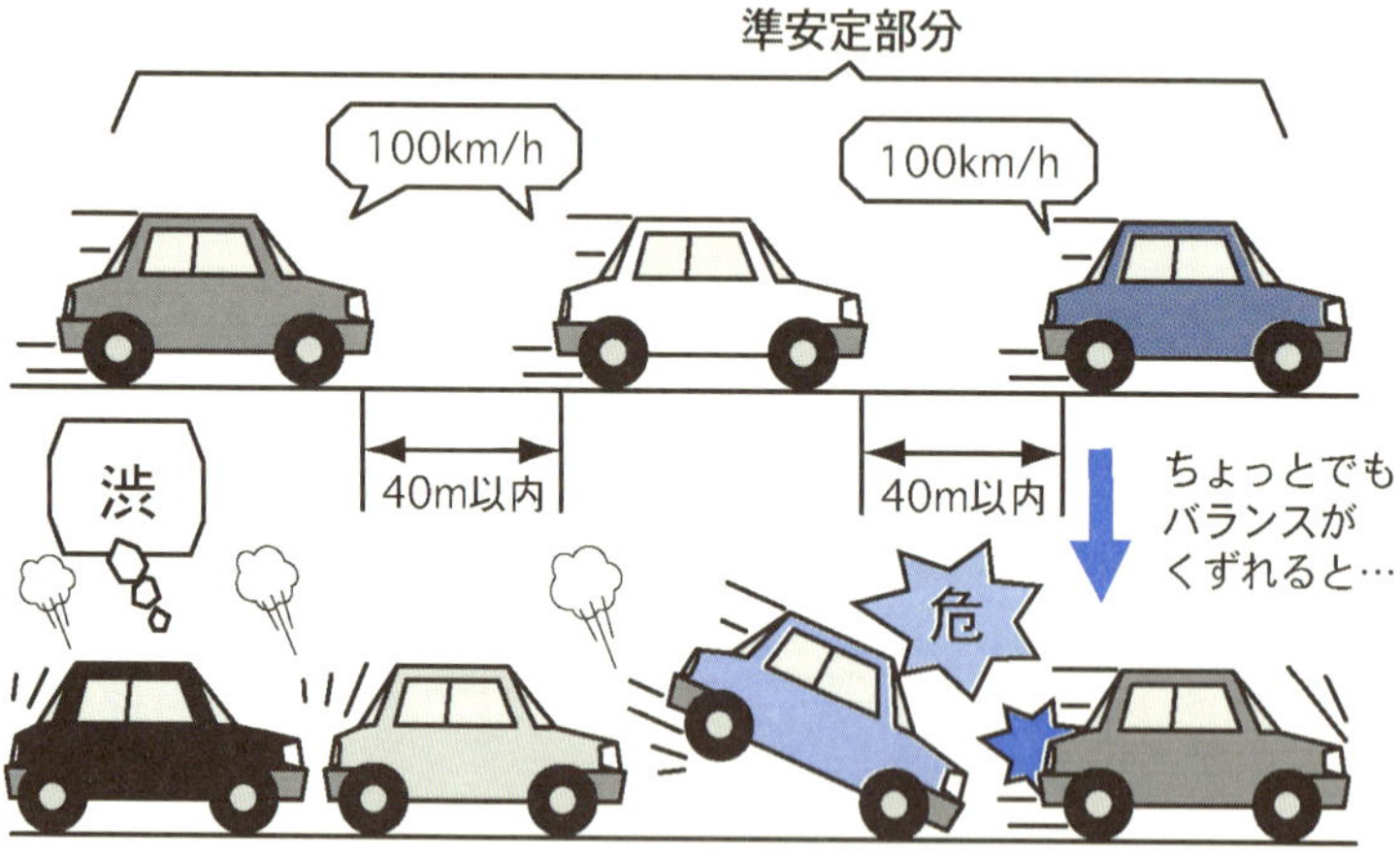

準安定状態は、安定という名前が付いているので誤解しやすいが、実は危ない不安定な流れの状態で、ちょっとでも誰かが減速すると、それが後方に拡大して伝わってしまい、大渋滞を引き起こす

ても10分程度の寿命しかない。

渋滞学では、この突出した部分を「準安定」部分と呼んでいる。これは物理学において、0℃以下になっても氷にならないで水のままでいる状態を準安定状態と呼んでいることに由来する。本来ならば渋滞しているはずの密度なのに、自由走行状態のままでいる状態が準安定状態なのだ。

準安定状態が見られないケース

人では、このような準安定状態はほとんど見られない。人間は車と違って自分自身の速度をコントロールしやすい。急に止まれるし、急に加速できる。そのため、車のような重い物体とは動き方が異なり、かなり詰めても急に止まれる安心感から、スピードを落とさずに詰めて安定に歩くことができる。

車のように粒子が重く、より急な加減速が難しくなることを「慣性効果」と呼ぶ。人の場合、慣性効果が小さいため、基本図によればお互いおよそ50センチメートルの距離まで接近しても自由走行相になっていることがわかる。こういう場合、密度がだんだん大きくなってきても、不安定な状態をほとんど経由せずに渋滞相に相転移する。したがって準安定な部分は基本図にはふつう表れない。

人の動きのこの臨界密度での安定性を利用しているのが、軍隊の行進だ。一列にきちんと密に並んで、一糸乱れずに歩調を揃えて行進していく姿は印象的だ。このような密な行進は、たとえば百台の車で実現するのは不可能に近いが、人ならば百人で行進するのは少しトレーニングすれば可能なのだ。

準安定状態から渋滞に変わるメカニズム

それでは実際に道路のどのような場所でこの準安定状態ができるのだろうか。

それは緩やかな上り坂、あるいは窪地のような少しへこんだ場所であり、「サグ部」といわれている。サグとは、たわむ、という英語だ。実はこの道路がわずかにたわんだような場所こそが高速道路における渋滞原因*の第1位なのだ。事故や工事、あるいは料金所のせいで渋滞しているならばわかりやすいのだが、サグ

＊**高速道路における渋滞原因**
東日本の場合の渋滞原因は、平成 17 年度のデータで
1 位…サグ部 (35%)
2 位…事故 (29%)
3 位…合流部 (28%)
4 位…料金所 (4%)
と続く。10 年前の 1 位は料金所だったが、ETC の導入でだいぶ渋滞は緩和された。

図1-11　サグ部で発生する渋滞

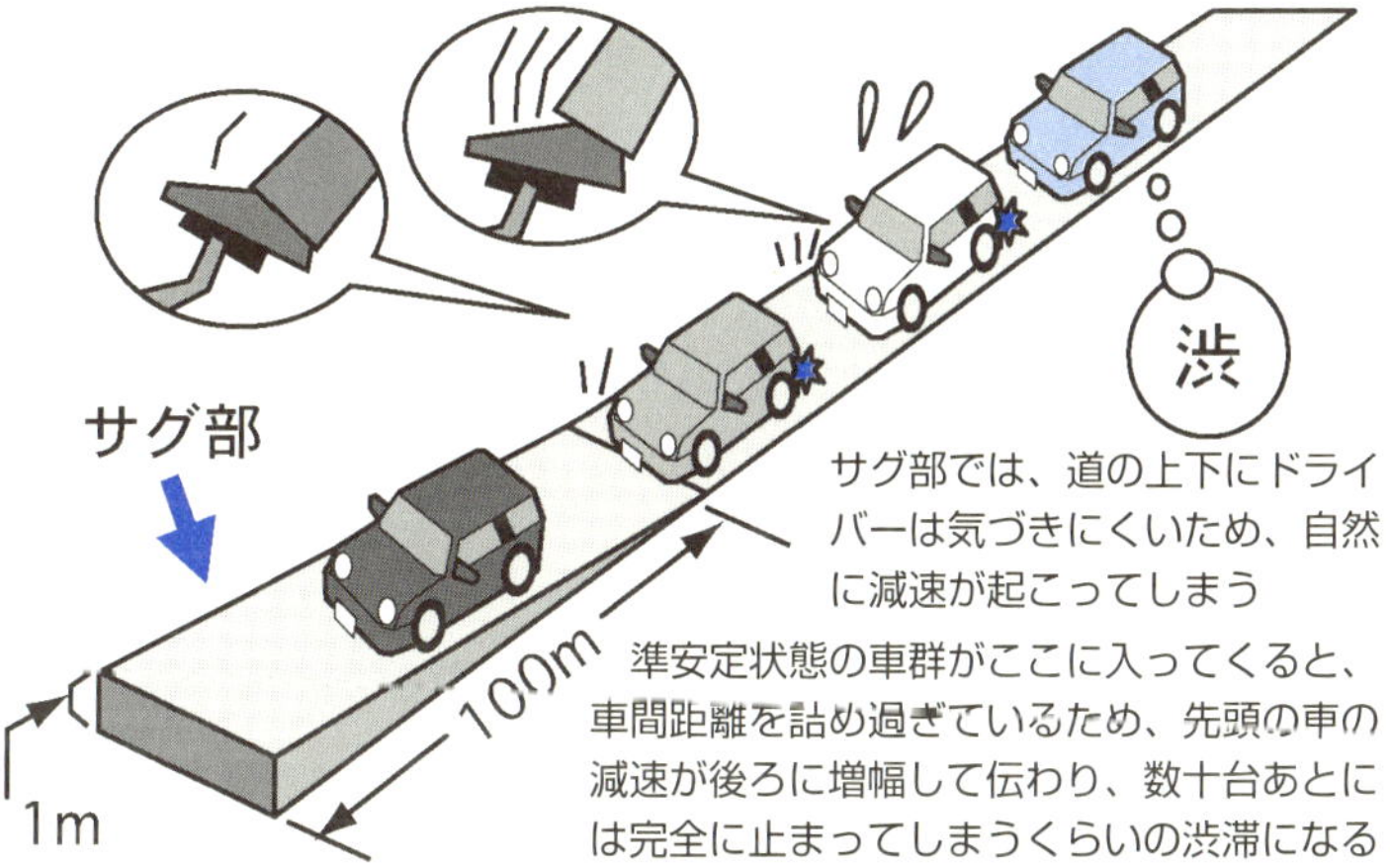
渋
サグ部
サグ部では、道の上下にドライバーは気づきにくいため、自然に減速が起こってしまう
100m
1m
準安定状態の車群がここに入ってくると、車間距離を詰め過ぎているため、先頭の車の減速が後ろに増幅して伝わり、数十台あとには完全に止まってしまうくらいの渋滞になる

部では一見何も原因がないように見えるのに渋滞が起こるため、ここでの渋滞は「自然渋滞」といわれている。

サグ部の上り坂は、せいぜい100メートル進んで1メートル高くなるような緩やかなものだ。したがって運転手は坂道であることに気づきにくいため、アクセルはそのままだ。しかしいくらわずかでも上り坂であるため、アクセルを踏み込まないと当然車の速度は徐々に遅くなってくる。このとき後ろの車が迫っていれば、この減速により車間が詰まるため、後ろの車はブレーキを踏むかもしれない。するとその後ろの車もブレーキを踏み、その連鎖が後方まで伝わる。すると十数台後ろでは車が完全にストップしてしまうこともある。先頭のちょっとの減速が後ろでは完全停止の渋滞を招くのだ。

もちろんこれは、サグ部に入ってくる車群の車間距離がある程度小さくなくてはならない。車間距離が十分にあれば、前の車のブレーキは後方に何も影響を与えない。しかし臨界密度である車間距離40メートルに近い集団がサグ部にさしかかると、サグの影響でまず先頭の車との車間距離が「そっと」短くなり準安定状態が形成される。これが渋滞の種になり、何かの小さなきっかけで不安定性が成長して、その後方では止まってしまったり、また動いたり、ということを繰り返す大渋滞になる。以上が自然渋滞のメカニズムだ。

よく誤解されるのが、誰かがブレーキを踏んだため、その影響が後ろに伝わり後方で車が停止する、という理屈だ。これは自然渋滞の本質を捉えた説明ではない。走っているときに強くブレーキを踏めば、車間距離が詰まっていなくても、たしかに渋滞になるが、その場合は準安定状態を経て渋滞になっていないため、基本図には自由流が突出した部分は表れず、アリの場合と同じ単なる山形になる。準安定状態という不安定な状態は、ほんのちょっとしたゆらぎがどんどん成長していく状態なので、別に強くブレーキを踏まなくても、たとえばちょっとだけアクセルから足を離すとか、一瞬よそ見をするなど、ほんの些細なきっかけでも渋滞形成には十分なのだ。

いろいろな場面に見られる準安定状態

この準安定状態、というものは、実はいろいろな場面に現れている。たとえば、戦争で敵どうしが銃を構えて緊迫して向き合っているような状態も準安定といってもよいだろう。このとき、誰かがちょっとガタンと物音をたてただけで、緊張の糸がプツンと切れて大規模な銃の撃ち合いに発展するかもしれない。

他の例は、コンサートの会場で筆者が何度か経験したことだ。オペラ歌手が非常にきれいなピアノの音を響かせながら、途中の楽章を歌い終わったとたん、会場の誰かが軽く咳払いをする。すると、咳払いの連鎖が始まり、かなり大きな音まで聞こえてくる。歌手は続く楽章をすぐに歌うのではなく、咳払いが収まるのを少し待っている。コンサートの緊張がちょっとしたきっかけで、一気に緩んでいく様子が肌に伝わってくる。

これらはいずれも準安定状態とその崩壊の例といってもよいだろう。高い緊張状態が、ちょっとしたきっかけにより連鎖反応的に崩れていくという現象は、このように自然渋滞だけでなく、いろいろな状況で見られるのだ。

自然渋滞は、人ではあまり見られないと書いたが、実は大人ではなく幼児の列では、準安定状態が起こりやすい。

幼児は、前の人の動きに対してちゃんと注意を払うことができないため追従反応が*遅くなる。そのため、大人のようにお互いの距離を詰めてうまく歩くことができないのだ。したがって、一列に並んで行進させようとしても、何人かで固まって動けないところができたり、前との間隔がだいぶ空いてしまったりという大渋滞状態になることは、保育士なら誰でも知っているに違いない。これは、前の動きに対する追従反応が遅いことにより、実質的に慣性効果が大きくなっているからだ。つまり、機敏に動けないため、ある程度以上詰めてしまうと準安定な状態になってしまい、誰かのちょっとした減速で後ろがストップしてしまうのだ。

このように、自己駆動粒子の慣性効果とは、実際の粒子の重さと、粒子の追従反応の機敏さの両方が関係している。

次の章では、このような渋滞相転移を統一的に扱う新しい理論について説明しよう。

＊追従反応
前の人や車の加速や減速に対して、自分がどれだけすぐに合わせられるかという反応。通常、大人ではこの反応時間は1秒程度といわれている。

第2章

新しい渋滞学はこう考える

よい「モデル」をつくることが研究の第一歩

第1章では、渋滞を考えるうえで基本図というものが大切であることを見てきた。本章では、渋滞現象を表す簡単なモデルを作り、そのモデルを用いて基本図を描いてみよう。

　その前に、まず「モデル化」という考え方から説明する。科学では、ある現象を理解するために、まずその現象によく似ている模型を作る。その模型はもちろん実物どおりではないが、なるべく実物に近いものがよい。筆者は子供の頃、船や飛行機のプラモデルを作るのが大好きだったが、このプラモデルも現実の模型だ。よくできているものは、実物のおおまかな様子をちゃんと捉えており、それを眺めているだけで十分楽しめる。

科学におけるモデル化とは、このプラモデル作成と同じだ。現実によく似た模型＝モデルをまず作って、そのモデルをいろいろと眺め、現実の理解を深めるのだ。プラモデルは、プラスチックを使って模型を作るが、科学ではその代わりに普通は数式を使って模型を作る。そのためにまずは数式の扱い方のトレーニングが必要になるが、残念ながら楽しいモデル化にたどり着く前に、このトレーニングで息切れしてしまう人が多い。

そこで、比較的簡単にモデル化できる手法として、筆者は「セルオートマトン法」という方法に注目している。これは本章のメインテーマであり、これから詳しく説明するが、実は小学生でも理解できる単純な方法なのだ。数式を扱うにはかなりのトレーニングが必要だが、セルオートマトン法はほとんど必要ないし、直感的にわかりやすい。そして渋滞現象

客が1時間に何人レジに並ぶか＝λ
客を1時間に
何人レジで
さばけるか＝μ
混み具合＝ρ＝λ／μ
待っている人数=L=ρ/(1－ρ)
λ=3
λ=4
λ=5
確率P
時間t
客がレジに並ぶ分布
=P(t)= e^{-λ}λ^t / t!
待ち時間
混み具合
1
わかんない
数学苦手

や、さらには複雑なシステムを調べることに対して、抜群に相性がよい。

この方法の解説の前に、わざわざモデルを作らずに直接現実を眺めればよいではないかと、疑問に思う人もいるかもしれないので、そのことについて少し触れておこう。もちろん現実を直接相手にしながら研究できれば理想なのだが、それはなかなか難しい場合が多いのだ。

たとえば、月に向けてロケットを打ち上げようとするとき、地球から月までの道筋を実際に自分の目で確かめて、測りながら軌道計画を立てるわけにはいかない。したがってまず地球や月、ロケットなどの全体のモデルを作り、そのモデルをコンピュータなどを用いて仮想的に動かしながら検討していくのだ。

道路を作るときも同じだ。たとえば、渋滞を解消するためにどこに新しく道路を作ればよいのか、という問題を考えるとしよう。実際にいろいろ作って調べてみればよいのだが、そんなお金のかかることは安易にはできない。道路を作ったあとに、あまり渋滞解消に役立ちませんでした、では話にならない。

そこで、作る前にどれくらいの効果があるのかを計算する必要がある。そのための一つの方法として、コンピュータの中で道路を仮想的に作り、そこで車をたくさん走らせてその効果をシミュレーションする、というものがある。これはほとんどお金がかからないし、道路の場所をいろいろ変えて調べることも容易だ。しかしそのためには、車の動きを正しくモデル化する必要がある。実際の車の動きに近いモデルを作ることができれば、模型の仮想的な世界でも正しい結論が導けるだろう。

そういうわけで、机の前に座ってものを考えるときには、まずは現実に近い「よいモデルを作る」ということが研究の第一歩となるのだ。

ここで注意したいことだが、モデルがあまりにもよくできていると、まるで現実を見ているかのような錯覚に陥ることもある。これはモデル化の方法に一般的に潜む危険性の一つで、あくまでもモデルはモデルであることに注意しなくてはならない。モデルは決して現実そのものではないのだ。したがって、自分の作ったモデルの限界も認識しつつ、よいモデルを使って研究を進めるのが正しい科学的態度なのだ。

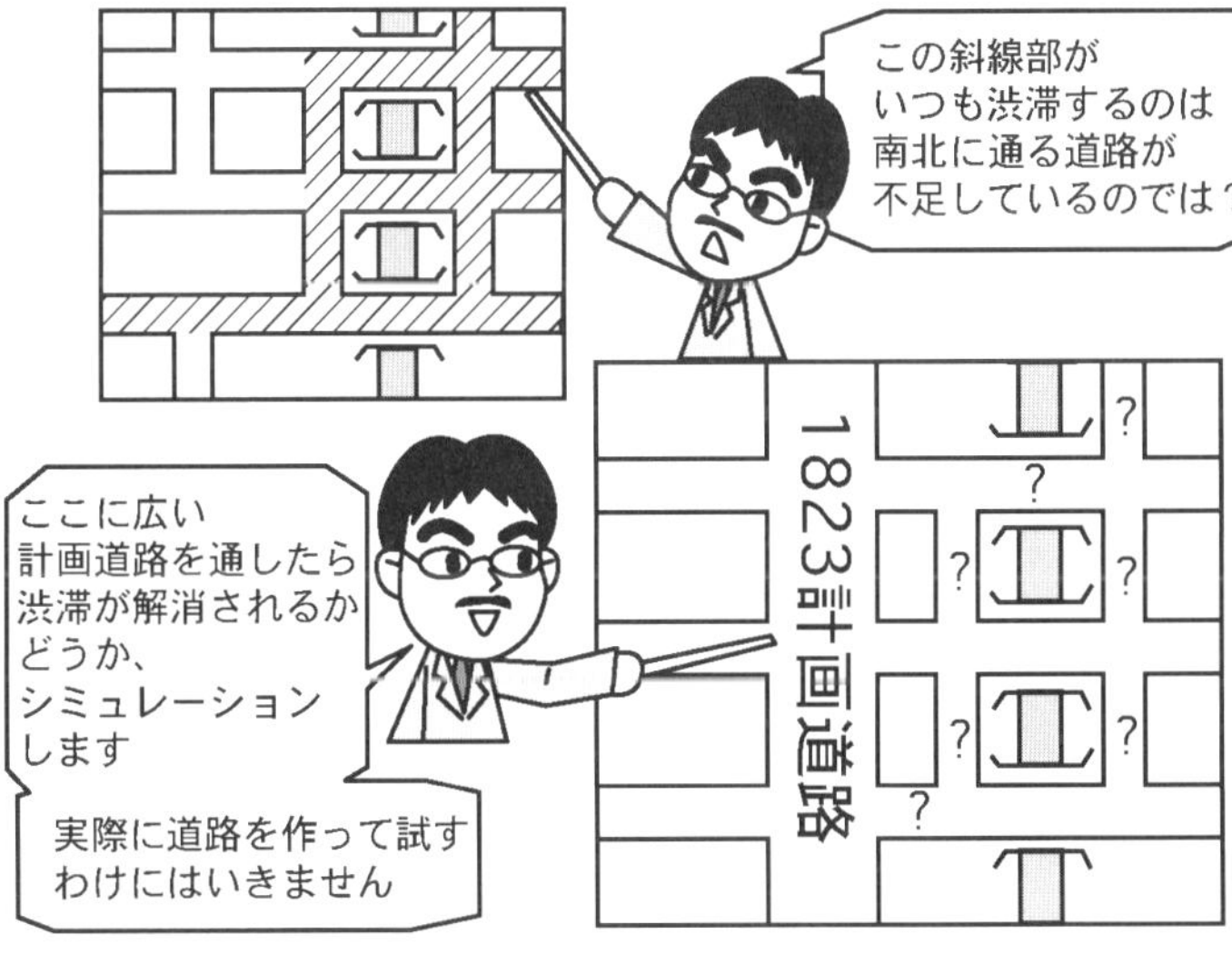
この斜線部が
いつも渋滞するのは
南北に通る道路が
不足しているのでは？
1823計画道路
ここに広い
計画道路を通したら
渋滞が解消されるか
どうか、
シミュレーション
します
実際に道路を作って試す
わけにはいきません

セルオートマトン法とは何だろう

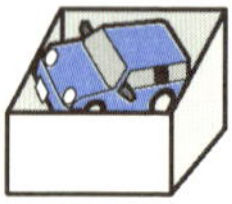

それでは、渋滞現象をうまく表す最も単純なモデルを紹介しよう。

第1章で、多くの自己駆動粒子に共通する性質として、「自分の前が空いていれば進めるが、前が詰まっていれば動けないのでじっとしている」、ということを述べた。車の場合、前に車がいればもちろん自分は動けないし、これは人が歩いているときも同じだ。この性質をモデル化するのにうまい方法がある。それは、車や人などの自己駆動粒子をすべて玉で表し、道路を図2‐1のように箱を並べて表すのだ。

1個の箱には最大で1個の玉しか入らないとする。そして玉を動かすわけだが、そのルールは、「前の箱にすでに玉が入っていれば動けず、空のときにのみ、前に進める」とする。このルールをすべての玉にいっせいに適用する。ここで、モデルの道具としては別に箱と玉でなくてもよいことに注意しよう。たとえば、玉があるところを1で表し、ないところを0で表すと、道路は0と1のデジタルの数字の並びで表現される。

そして、前が0の場合だけ動けて、前に1があればその後ろの1は動けない、というルール設定で1を動かしていけばよい。

図2-1　車や人のモデル化

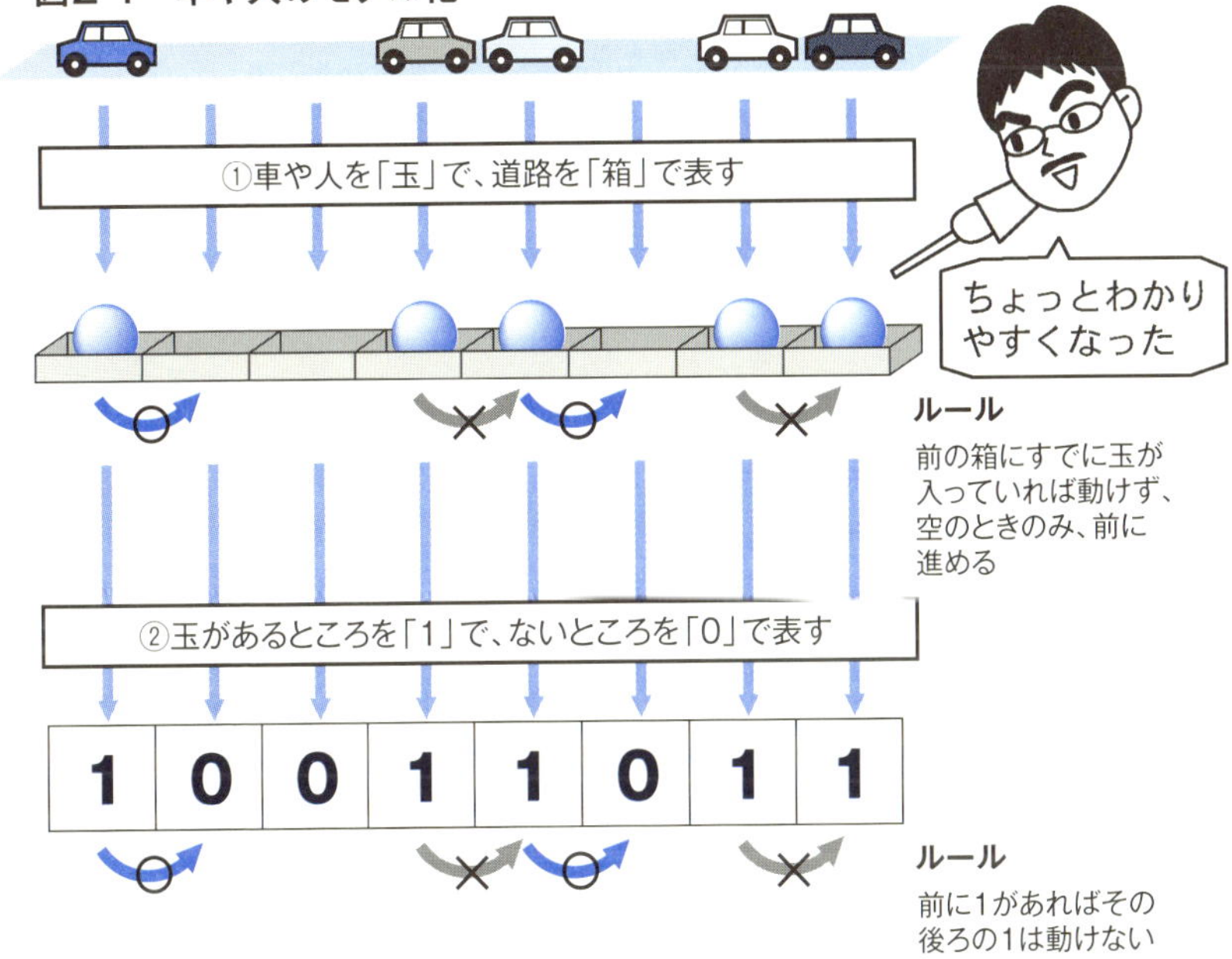

ちょっとわかりやすくなった
①車や人を「玉」で、道路を「箱」で表す
ルール
前の箱にすでに玉が入っていれば動けず、空のときのみ、前に進める
②玉があるところを「1」で、ないところを「0」で表す
1 0 0 1 1 0 1 1
ルール
前に1があればその後ろの1は動けない

ここまですると コンピュータで 扱いやすい
こんな具合に車や人を いる（ある）=1 いない（ない）=0 で表し、0と1の動きに ルールを与えて モデル化します
この手法のことを 「セルオートマトン法」 といいます！

実際の動かし方だが、まずはじめの時刻で適当な0と1の並びを決めて、その状態から動ける1だけをいっせいに動かして次の時刻とする。この時間ステップを次々に繰り返していけば、1の動きは車や人の動きのようにも見えてくる。

このように現実をいる（ある）、いない（ない）だけで大雑把に表し、いるときに1、いないときに0とデジタル化して、0と1の動きのルールを与えてモデル化する方法をセルオートマトン法という。セルとは細胞のことで、この空間を仕切っている箱を表している。また、オートマトンとは、自動機械という意味であり、ルールを設定して機械のように自動的に1を動かすことから来た言葉だ。

この方法は、難しい数式を一切必要としない。粒子がいるかいないかについては一目瞭然だし、その粒子の動きも単純化して考えると、前が空いていれば進むし、詰まっていれば止まらざるをえない、というものなので、ルール設定もいたって簡単だ。あとは、何時間ステップもこのルールで動かしてみれば、1の位置を見ることによって自己駆動粒子が将来どのような状態になるかがわかる。

複雑な現象のモデル化に使われるセルオートマトン法

このセルオートマトン法は、もともとはフォン＝ノイマンという天才数学者によって、今から約60年前に考え出された概念だ。それはコンピュータとの相性がよいため、コンピュータの加速度的発展とともに現在さまざまな研究分野でおおいに注目を浴びている。とくに1990年以降、このセルオートマトン法を用いた複雑な現象のモデル化に関する研究論文が急速に増えてきている。渋滞学でも、自己駆動粒子の挙動の解明に中心的な役割を果たしている。

ちなみに、これまで渋滞の研究はおもに待ち行列の理論というものを用いてなされてきた。この研究自体の歴史は古く、電話の交換機の設計から始まり、今やコンピュータホストの通信制御には欠かせないものになっている。しかしこの理論では、待ち行列に並んでいる粒子どうしのぶつかり合い、というものがきちんと考慮されていない。いわば一列に並んだ人がトコロテンのようにいっせいに動き出すイメージで渋滞の行列をとらえている。

渋滞学で重要視しているのは、前が空いていなければ動けないという、行列が「ゾロゾロ動く感じ」なのだ。これこそが自己駆動粒子の密度増加による渋滞形成に重要な役割を果たす。そういった意味で、この0と1の単純なセルオートマトンモデルには、ちゃんとこのゾロゾロ感が入っており、従来の待ち行列理論の補正も含めて、私たちに新しい結果をもたらしてくれるのだ。

図2-2　フォン＝ノイマン

1903年ハンガリー生まれでユダヤ人の数学者。8歳で微分積分をマスターした天才。コンピュータの生みの親で、ゲーム理論の創始者でもある20世紀の怪物。

その「モデル」はほんとうに正しいのか？

セルオートマトン法による車や人のモデル化の方法は以上でわかっていただけたと思うが、はたしてこれは「よいモデル」なのかということについて考えてみよう。

科学者がよいモデルという場合、次の2つの意味を含んでいる。

①現実に近い
②取り扱いが容易

これらの検討が実は難しいのだ。

ポイント1・現実の側面をうまく取り出しモデル化できているか

まず①だが、「現実」とは何か、ということから考えなくてはならない。現実とは、いわば、いろいろな側面をすべてあわせ持った集合体だ。それらのすべてを完璧に再現するモデルを作ることは不可能だ。そのようなものはもはやモデルではなく、現実そのものに他ならない。モデル化とは、現実のうち問題にしているいくつかの側面に焦点をあてて、それをうまく取り出して模型を作ることなのだ。そうすることによって、膨大な内容を含む現実を単純化でき、現在考えている問題にモデルを有効に適用できるようになる。

渋滞学で最も大切なことは、渋滞するかしないかの判定であり、これを考えるもとになるのが基本図だ。よって、まずはこの現実の基本図をきちんと再現するようなモデルこそ、よいモデルとすべきだ。このように、各々の車の詳細な振る舞いに焦点を当てるのではなく、基本図の再現を目指す方向性を第一に考える。

先ほどの0と1の単純モデルで基本図を描いたものを下図に示した。これは、サーキット状の道を仮定して、サーキット内の1の数（密度）をいろいろ

図2-3　サーキット状の道での単純モデルによるシミュレーション

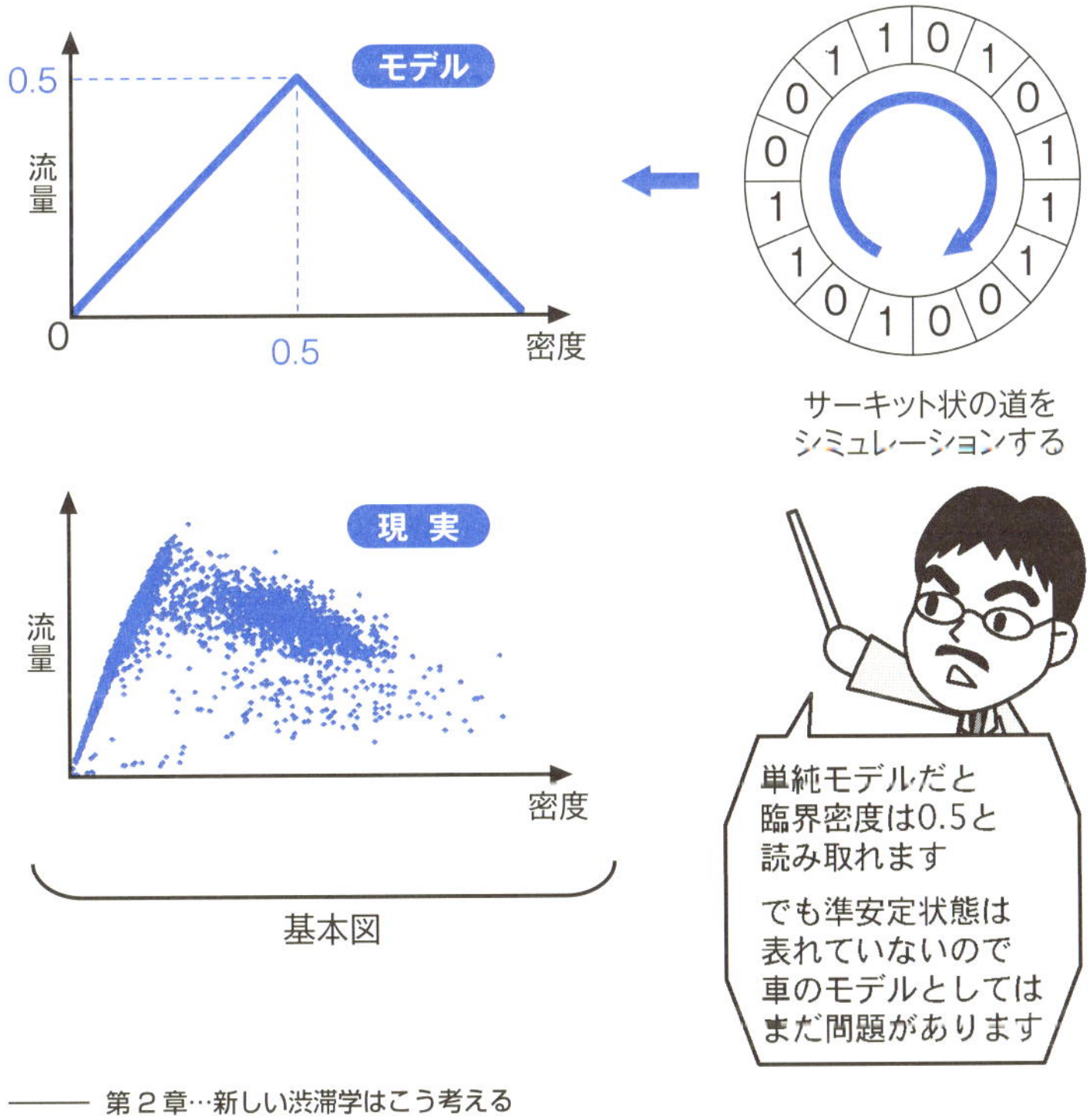
モデル
0.5
流量
0
0.5
密度
サーキット状の道をシミュレーションする
現 実
流量
密度
基本図
単純モデルだと臨界密度は0.5と読み取れます
でも準安定状態は表れていないので車のモデルとしてはまだ問題があります

変えてシミュレーションし、サーキットをぐるぐる回る1の流量をある時間ステップごとに測定したものだ。密度は1の数を全セル数で割ったものとし、完全停止状態の密度は1となる。流量は、サーキット内のある一つのセルを決め、そのセルを通過する1の数を調べて平均したものだ。

これによれば、基本的な特性である、すいているときは直線で流量が増えて、ある密度から流量が減少して完全渋滞でゼロになる、という山形が再現できていることがわかるだろう。そしてこのモデルでの臨界密度は0・5と読みとれる。しかし、残念ながら準安定状態は見えないため、そのままでは車のモデルとしては難があるが、人の基本図に近いともいえる。

このように、基本図という観点から見れば、0と1の単純モデルでも、それなりに渋滞現象の本質が捉えられていることがわかる。そしてこの単純モデルは、より複雑な交通現象を考える際の手がかりとして、実際にさまざまな研究の現場でよく使われているのだ。

ポイント2・モデルの取り扱いが容易かどうか

次に②の取り扱いについてだが、セルオートマトン法はデジタルコンピュータとの相性はこのうえなくよい。したがって、コンピュータによる取り扱いが容易なのは明らかだが、実は科学者はこれだけでは満足しない。コンピュータによる取り扱いだけでなく、同時に「数学的」取り扱いも容易である、ということも大切なのだ。

何を使って取り扱うのか、という手段を考えた場合、コンピュータを使う人もいれば、紙と鉛筆を用いて数学を駆使して解析していく人もいる。コンピュータによって問題を解いていくのは最近の主流だが、コンピュータの結果は一般に誤差を含んでしまう。数学的に正しい答えが出せれば、それ以上の正確な結果はない。きちんと数学で解ける問題に対しては、とくにコンピュータを持ち出す必要はないのだ。

数学を使っても解けない問題に対して、コンピュータであたりをつけるというのが、科学者が考えているコンピュータと数学の関係だ。したがって、まずは数学的に取り扱い、それが難しいようならばコンピュータを使う。

たとえば、1を3で割って3を掛ける、という計算は、数学で簡単に解けて、もちろん答えは1となる。ところがこれを電卓で計算すると、0.99999という数字になり、1に非常に近いが1ではない。しかし、仮に数学的に解けなかったとしたら、電卓の結果を答えとするわけだが、これは、真の答えに近いけれども、たしかに誤差を含む。このような誤差がコンピュータには必ずつきまとうので、計算を何万回

も繰り返したあとのコンピュータの計算結果がどれだけ正しいのかを慎重にチェックする必要がある。

しかし、何も結果が出ないよりはマシなので、数学的にひどく難しい問題はコンピュータで解いた結果をある程度信用して、あまりチェックをせずに答えにしてしまう場合が多い。そこで強調したいことは、コンピュータの計算のあとに、誤差が大きくたまっていないかどうかの数学的チェックを、常に忘れてはいけない、ということだ。

したがって、ある程度数学的に取り扱いが容易ならば、つまり、数学的に計算し、結果の正しさを証明することができるならば素晴らしい。完全に数学で答えを求められなくても、コンピュータと数学を半々に駆使して、結果の正しさがいえるようなモデルならば、よいモデルと考える。

それでは、先ほどの0と1の単純モデルの数学的性質はどうかといえば、これだけ単純なだけあって、実はコンピュータを使わなくても基本図が厳密に描けてしまうのだ。またこの単純モデルは、証明は省略するが、臨界密度もぴったり0・5になることが示せる。

このようにモデルから基本図が数学的に厳密に描けるモデルのことを「可解モデル」ということがある。可解モデルに関する数学の研究は最近世界中で活発に行われるようになってきており、さまざまな新しい可解モデルが見出されている。そしてこれらはさまざまな問題を解く際のよいモデルとして、いろいろな分野で活躍している。

以上より、このモデルは条件①、②の両方をほぼ満足する大変よいモデルといえる。

臨界密度＝0・5の意味

臨界密度が0・5になる、というのは重要なことなので、もう少しモデルを詳しく調べてこのことを確認しておこう。

今、次ページの図のようにセルを10個用意する。ここに1を5つだけ適当において動かしてみる。すると、はじめにどのように置いてもしばらく時間がたつと、0と1が交互にならぶ流れになることがわかる。これは誰も止まっていないので、渋滞していない流れだ。しかし、1をもう1つだけ増やして6つにすると、しばらくして動けない1が必ず2つ出現し、1が3つ並ぶかたまり（クラスターという）が出現している。

そして、その渋滞クラスターは、進行方向と逆に進んでいくように見える。これは実際の車や人の流れでも見られることであり、車が次々と渋滞部分に到着するため、渋滞部分は結果として後ろに移動していく。

以上より、10個のセルのうち半分粒子がいる密度0・5が自由走行ギリギリの臨界状態であり、それより1個でも粒子が増えれば渋滞が発生することがわかった。

図2-4　セルが10個のときのモデルの動き

①粒子が5個のとき

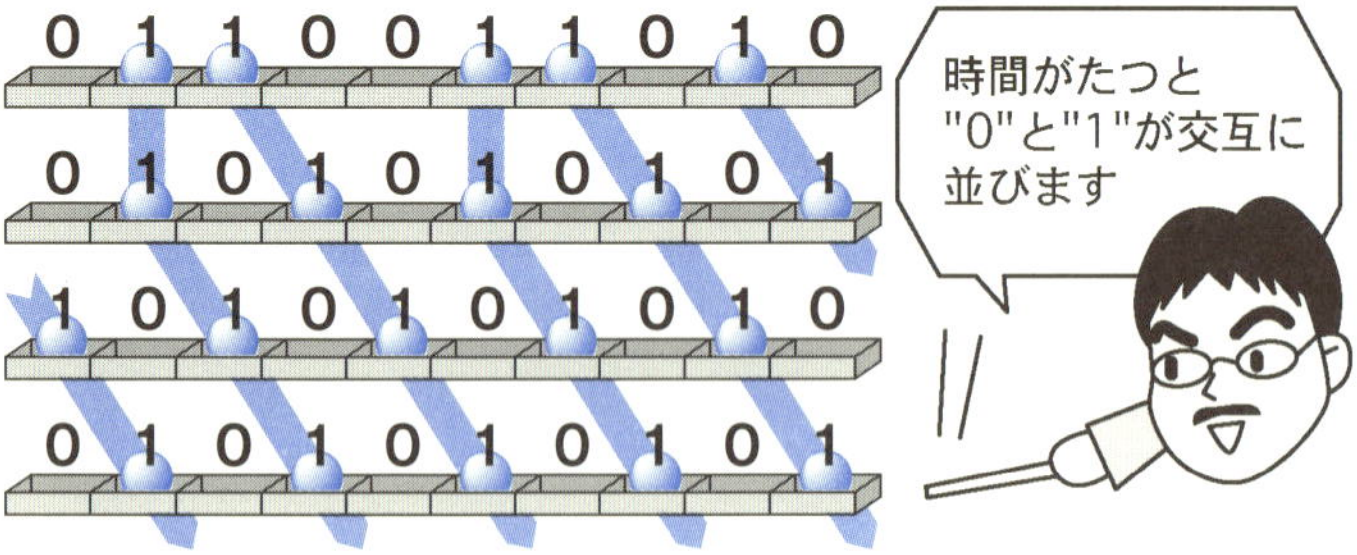
0 1 1 0 0 1 1 0 1 0
0 1 0 1 0 1 0 1 0 1
1 0 1 0 1 0 1 0 1 0
0 1 0 1 0 1 0 1 0 1
時間がたつと"0"と"1"が交互に並びます

②粒子が6個のとき

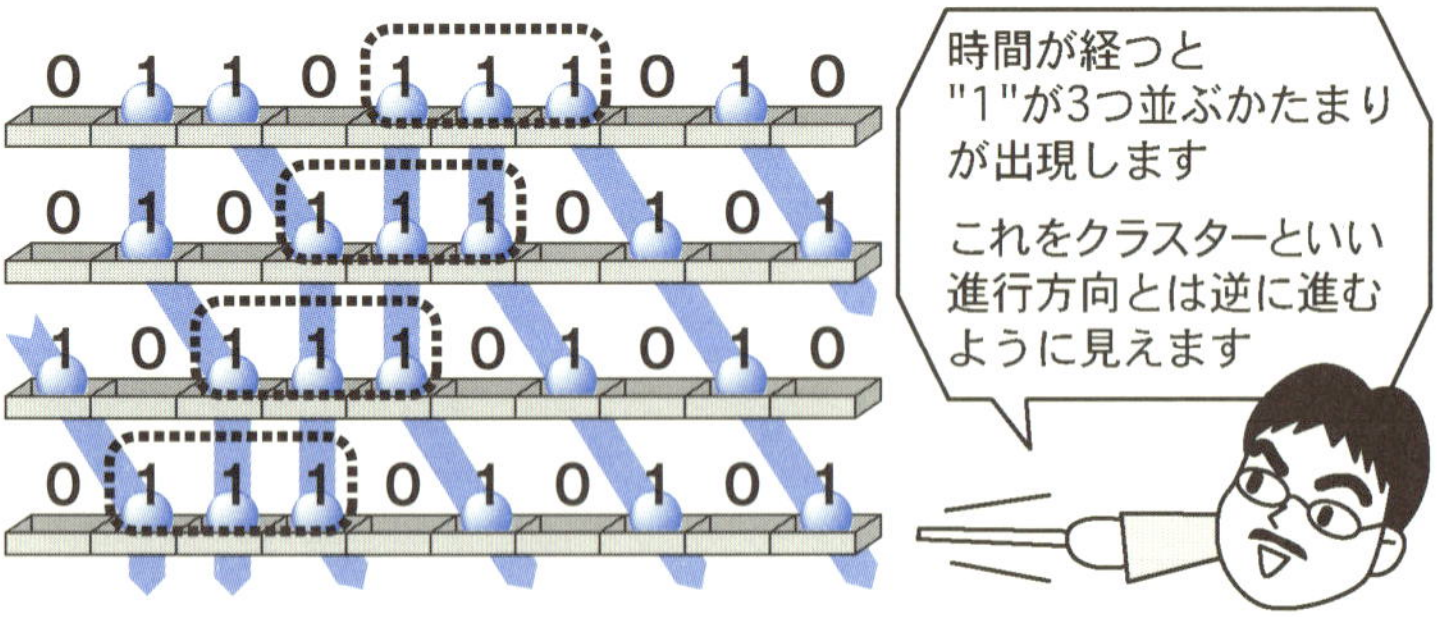
0 1 1 0 1 1 1 0 1 0
0 1 0 1 1 1 0 1 0 1
1 0 1 1 1 0 1 0 1 0
0 1 1 1 0 1 0 1 0 1
時間が経つと"1"が3つ並ぶかたまりが出現します
これをクラスターといい進行方向とは逆に進むように見えます

2-4 新しい渋滞学はこう考える

渋滞直前の準安定状態を再現するモデル

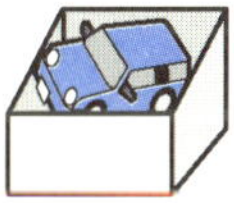

前節の0と1の単純モデルは、車の自然渋滞の原因である重要な準安定状態を表現することができなかった。そこで、この単純モデルを少し改良して、準安定状態を持つモデルを作ってみよう。

前がつまったら1回休みの「スロースタート」ルール

そのためには「スロースタート」ルールといわれる簡単なルールを単純モデルに付け加えればよいことがわかっている。これまで、準安定な流れができるためには、慣性効果が重要だと述べた。慣性効果を大きくすることで、準安定状態が生まれやすくなるのだ。そうならば、単純モデルの慣性効果を大きくすればよい。そのための最も単純な変更点は、一度止まった粒子は、次に動けるようになっても1回休んでから動く、というものだ。

これは、トラックなどをイメージしてもらうとわかりやすいが、大きな車は一度停止してしまうと、動き出すまでに時間がかかる。赤信号から青信号に変わったとたん、まず勢いよく走り出すのはバイクであり、そのあとに普通の乗用車が出発する。そして大きなトラックやバスなどは、すぐには発進できない。これこそ慣性効果であり、止まっているものは止まり続けようとし、それは重いもの、つまり慣性効果が大きいものほど著しい。これを車のモデルに入れるために、停止した1は、前が空いて0になってもすぐに動かずに、1時間ステップ待って動くとすればよい（図2-5参照）。スロースタートという名前の由来も、この発進が遅い、というところから来ている。

このモデルを用いた基本図が図2-6だ。たしかに自由流部分が飛び出た準安定部分A-Cが新しく出現していることが見てとれる。これで、慣性効果を取り入れたこのモデルは車の基本図にかなり近づいたといえる。この準安定部分の様子を少し詳しく見てみよう。

準安定状態を詳しく見てみよう

図2-6の点Aに相当する流れは、0と1が交互に現れる流れで、すべての車が止まらずに動いている自由流だ。これは単純モデルの臨界密度における流れとまったく同じものだ。しかし、この流れはスロースタートモデルでは不安定な流れで、どこかの粒子が止まってすぐに動いても、元の0と1の交互の流れに戻らずに渋滞クラス

図2-5　スロースタートのルール

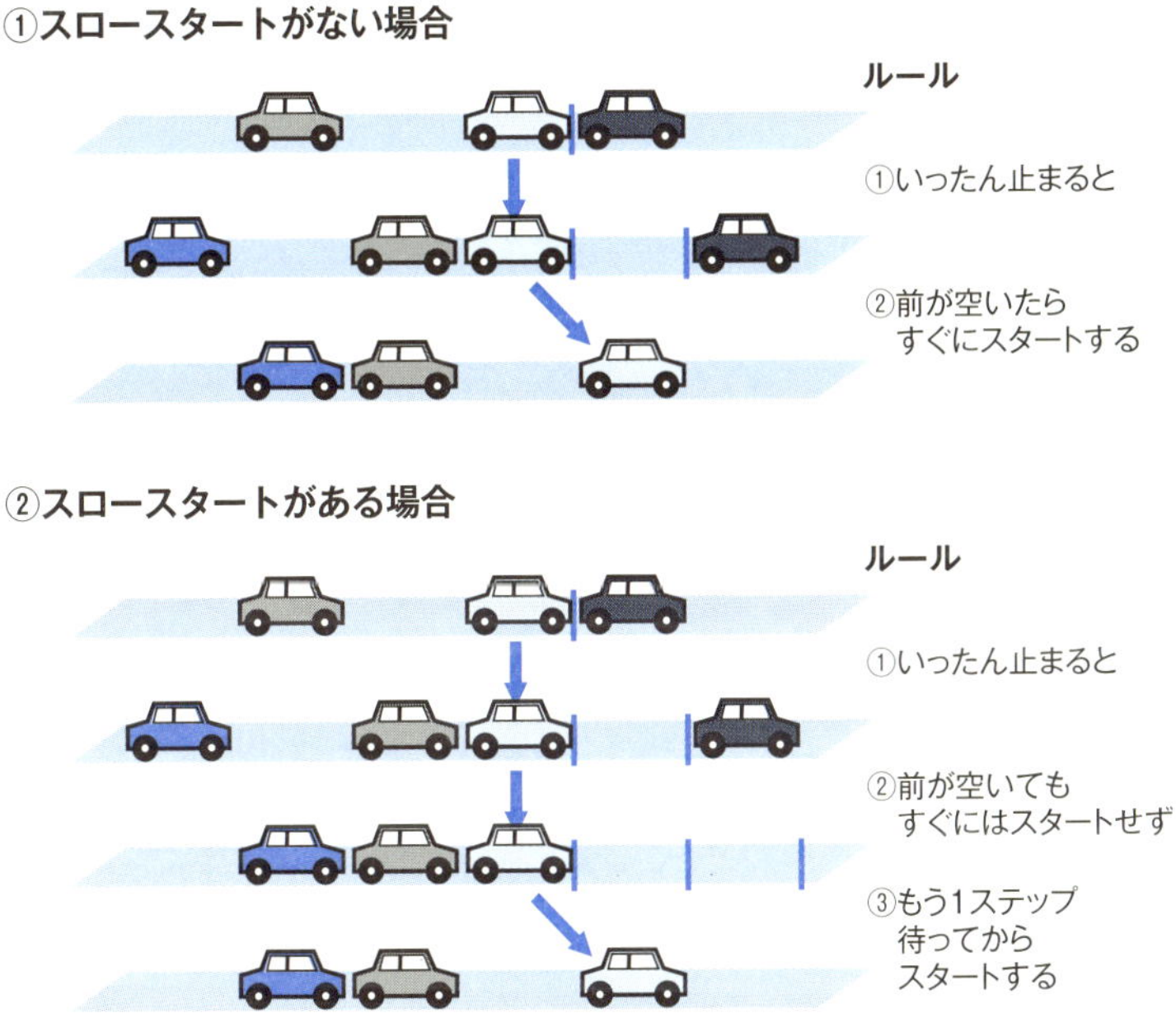
①スロースタートがない場合
ルール
①いったん止まると
②前が空いたら
すぐにスタートする
②スロースタートがある場合
ルール
①いったん止まると
②前が空いても
すぐにはスタートせず
③もう1ステップ
待ってから
スタートする

図2-6　スロースタートルールを導入したモデルの基本図

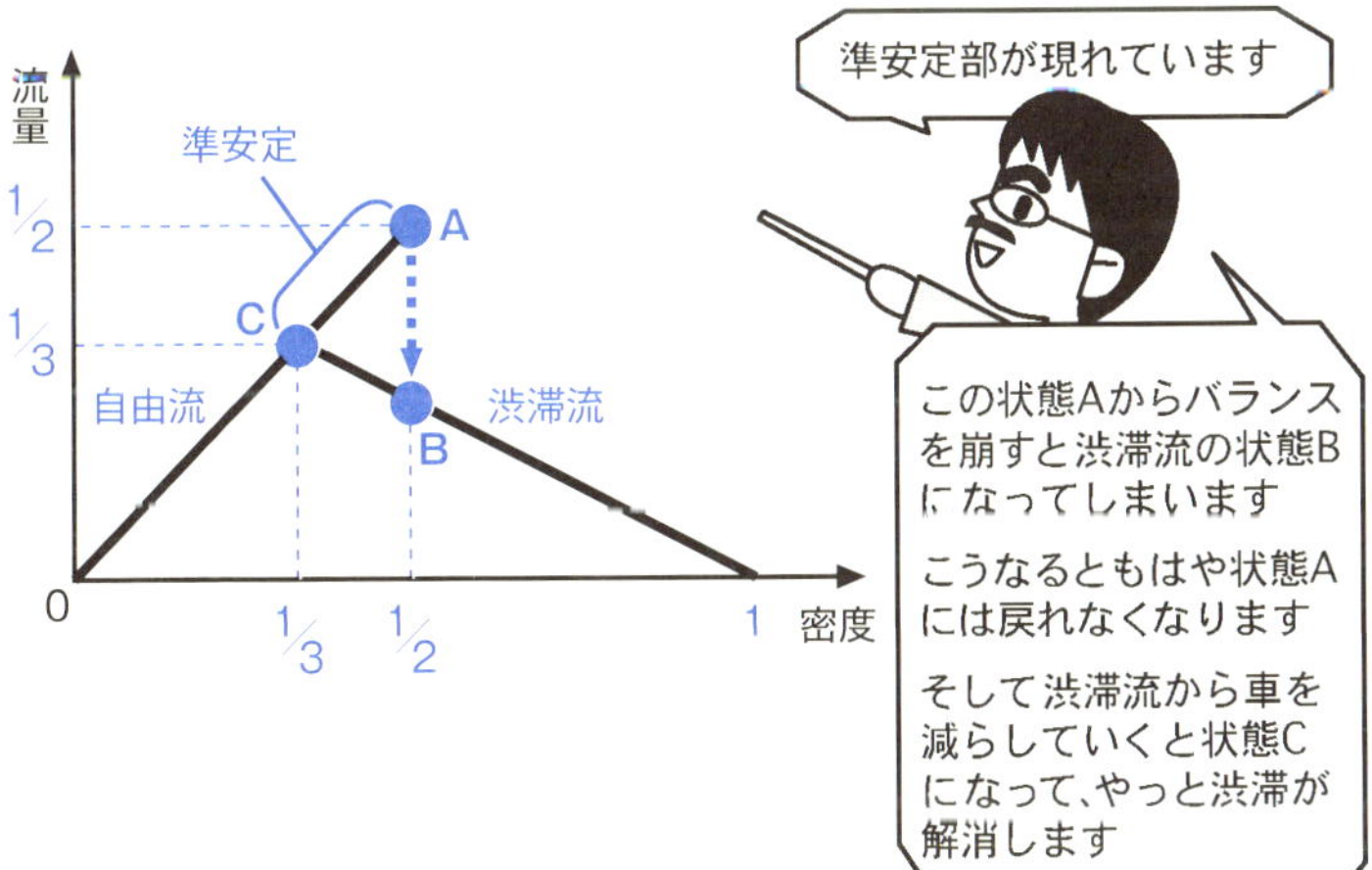
流量
準安定
1/2
1/3
A
C
B
自由流
渋滞流
0
1/3
1/2
1
密度
準安定部が現れています
この状態Aからバランスを崩すと渋滞流の状態Bになってしまいます
こうなるともはや状態Aには戻れなくなります
そして渋滞流から車を減らしていくと状態Cになって、やっと渋滞が解消しますターができてしまい、同図の点Bに相当する渋滞状態になる。これはまさにサグ部に車間距離を詰めて入ってきた車群が渋滞を起こしてしまう状況と思ってよい。これに対して単純モデルでは、同じように先頭の車が1時間ステップだけ止まってまた動いてもちゃんと元の状態Aに戻る（図2・7参照）。

このように、スロースタートルールの導入によって0と1の交互流が不安定化することが示せた。つまり、慣性効果を入れると、0と1の交互流である前ページの図2・6の状態Aは、車間距離を詰めすぎた状態になってしまい、同図の点Cに相当する、0010001という、車間距離をもう1セル分よけいに空けた状態が安定で最も流量の高い自由流になる。点Cから点Aまでの線の間の自由流の状態は、車間距離が詰まりすぎた準安定状態であり、ちょっとしたきっかけでその下の点Cから点Bまでの線の間の状態に落ちこんでしまう。

このような0と1の単純なモデルで、流れの不安定性がきちんと表現できるセルオートマトン法の威力と面白さを味わってほしい。スロースタートモデルによって、サグ部での不安定な流れと、自然渋滞形成についてのシミュレーションがはじめて可能になる。逆にいえば、このような準安定流れの不安定性が表現できるようなモデルでなければ、高速道路のシミュレーションをしても正しい結果を与えないだろう。

図2-7　スロースタートモデルの準安定流れと単純モデルとの比較

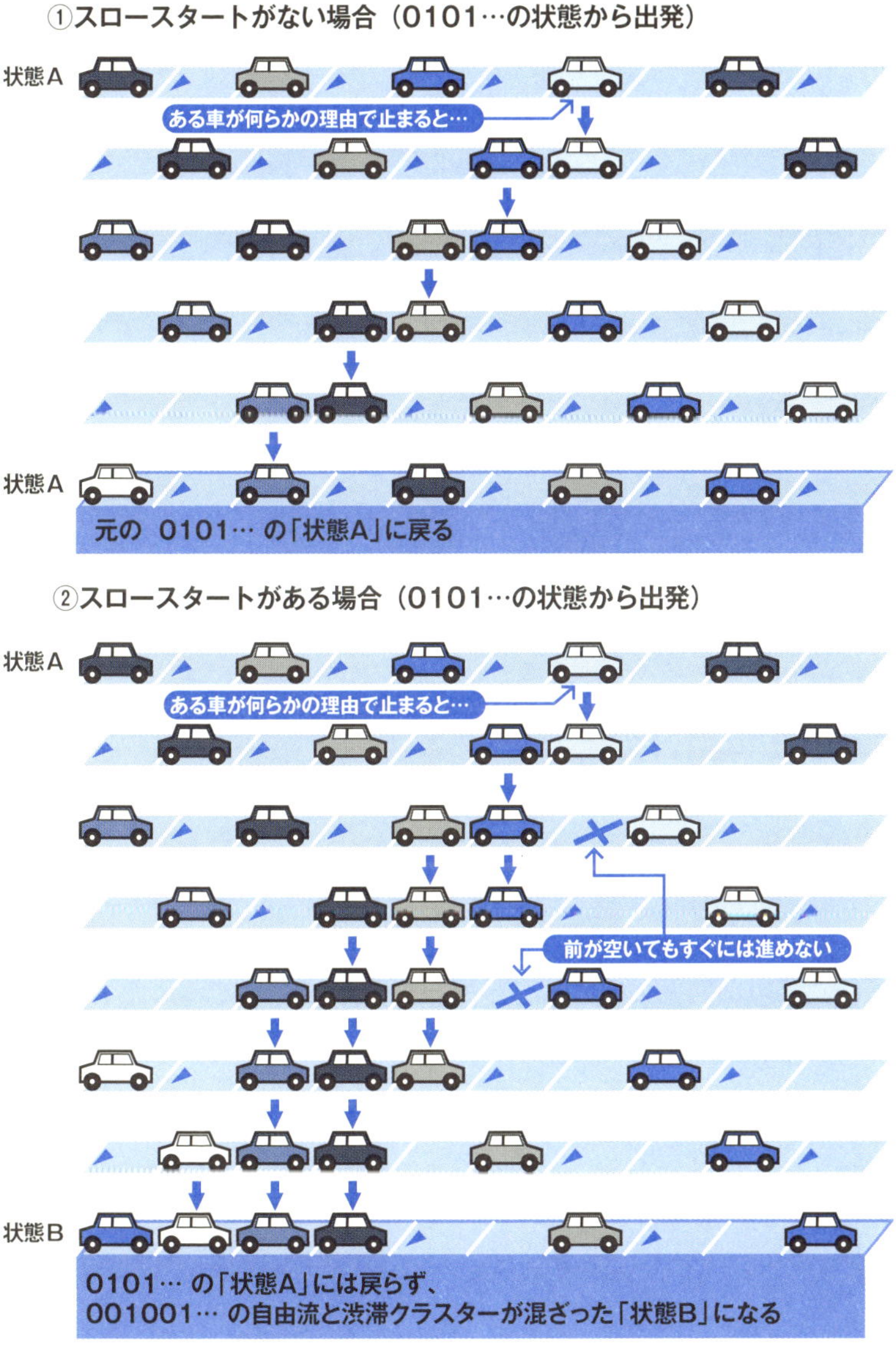
①スロースタートがない場合（0101…の状態から出発）
状態A
ある車が何らかの理由で止まると…
状態A
元の　0101… の「状態A」に戻る
②スロースタートがある場合（0101…の状態から出発）
状態A
ある車が何らかの理由で止まると…
前が空いてもすぐには進めない
状態B
0101… の「状態A」には戻らず、
001001… の自由流と渋滞クラスターが混ざった「状態B」になる

確率モデルを導入する

これまで説明してきたセルオートマトンモデルのルールに幅を持たせるために、最近は確率を導入することがよく行われる。たとえば、0と1の単純モデルでは、前が空いていれば進む、というルールだが、別に必ずしも進まなくてもよい。そこで、進む確率*P*というものを導入するのだ。つまり、毎時間ステップで、もしも前が0ならば、確率*P*で進む、というルールにする。たとえば、*P*が0・2のときは、平均して5ステップで1回だけ前に進む、という場合に相当している。

この確率*P*を1にすれば、これまで説明してきた単純モデルの場合と同じになるが、実際は、前が空いてもすぐにちゃんと詰める人ばかりではない。そこで、より現実に近づけるために、このように確率を導入して、個々の粒子の行動のバラツキを表現するのだ。

さらに、今まであまり述べてこなかったが、道路の上流端と下流端も、図2・8のようにある確率で入ってきて、ある確率で出ていく、としたほうが、より現実の交通流に近くなる。たとえば、ラッシュアワーのときは上流から車が入ってくる確率がかなり大きくなる。

このように、両端の流入と流出確率を取り入れ、そして各粒子も前進する確率Pを持っているような確率モデルのことを、数学では非対称単純排除過程（英語でAsymmetric Simple Exclusion Process略してASEP）と呼んでいる。

ちょっといかめしい名前だが、ASEPの由来を説明しておこう。後方には進まず、前方のみに動くため、非対称という名前がつけられている。そして、前に粒子がいれば動けない、ということは、ある空間のセルが既に粒子に占拠されていれば、他の粒子が入れないように排除する、ということなので、排除という言葉が含まれている。

さて、このASEPの基本図を載せた（次ページの図2-9）。これは流入確率をいろいろ変化させて描いたものだが、確率を導入したことにより、データ点がかなりばらつき、より現実の基本

図2-8　確率を導入したモデル

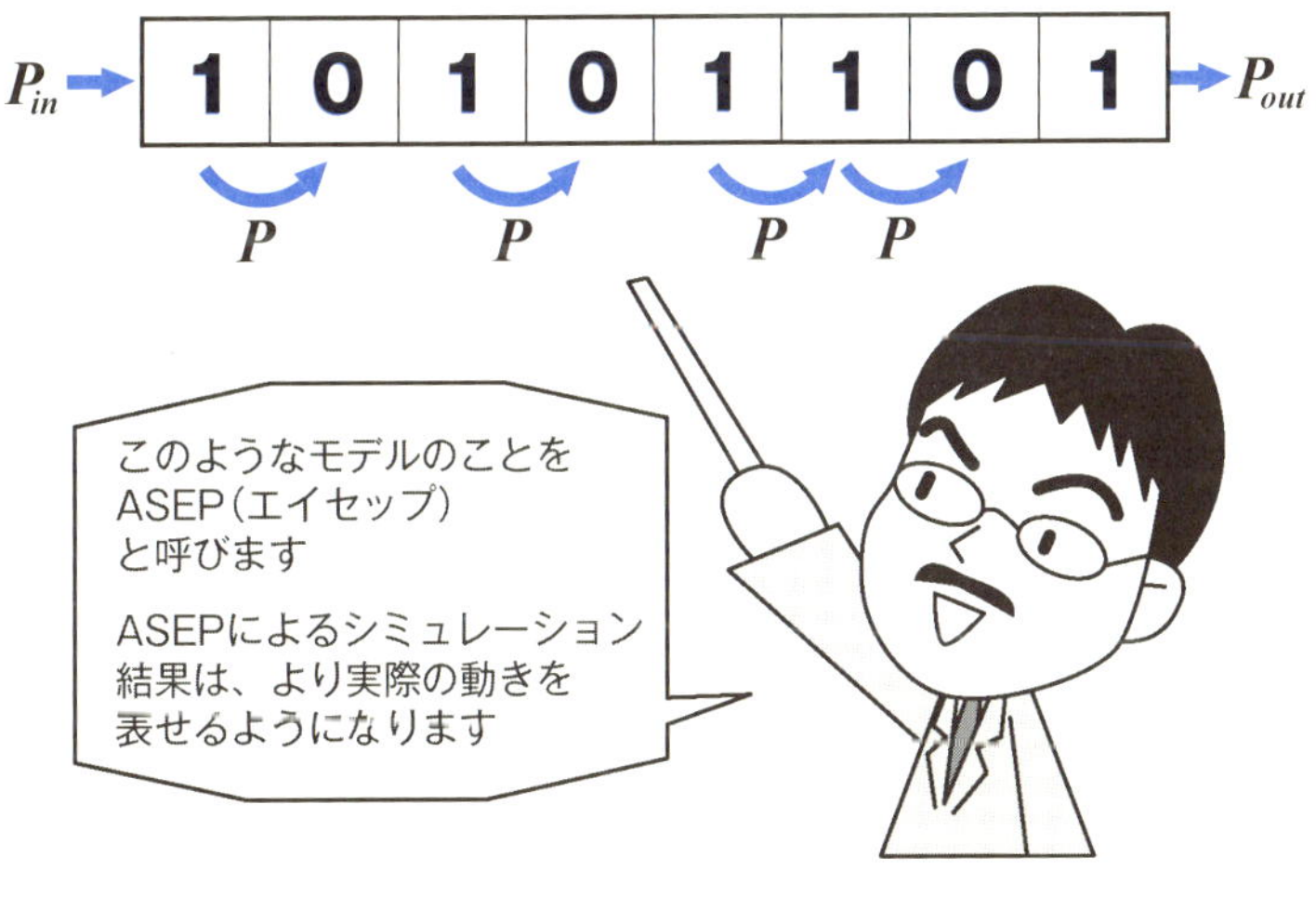

P_{in}
1 0 1 0 1 1 0 1
P_{out}
P P P P
このようなモデルのことを
ASEP（エイセップ）
と呼びます
ASEPによるシミュレーション
結果は、より実際の動きを
表せるようになります

図に近くなっていることがわかるだろう。しかし図を見てわかるように、ＡＳＥＰには準安定状態は存在しない。このような確率の入ったモデルで、準安定状態が存在するものも最近の研究成果でいくつか見出されているが、それは本書の範囲を超えるので割愛する。

今後、セルオートマトン法を現実の問題に応用していく際に、ルールに確率を導入する、ということは必ず必要になるだろう。現実とは、いろいろな状況が発生するものであり、とくに自己駆動粒子は意思や個性を持っている。行動の際の判断もゆらぐことがあるだろう。それらを効率的にモデルに取り入れるためには、確率という考え方が一番相性がよい。あとの章で他のいろいろなモデルを紹介するが、それらのほとんどがこの確率セルオートマトンモデルだ。

図2-9　ASEPの基本図

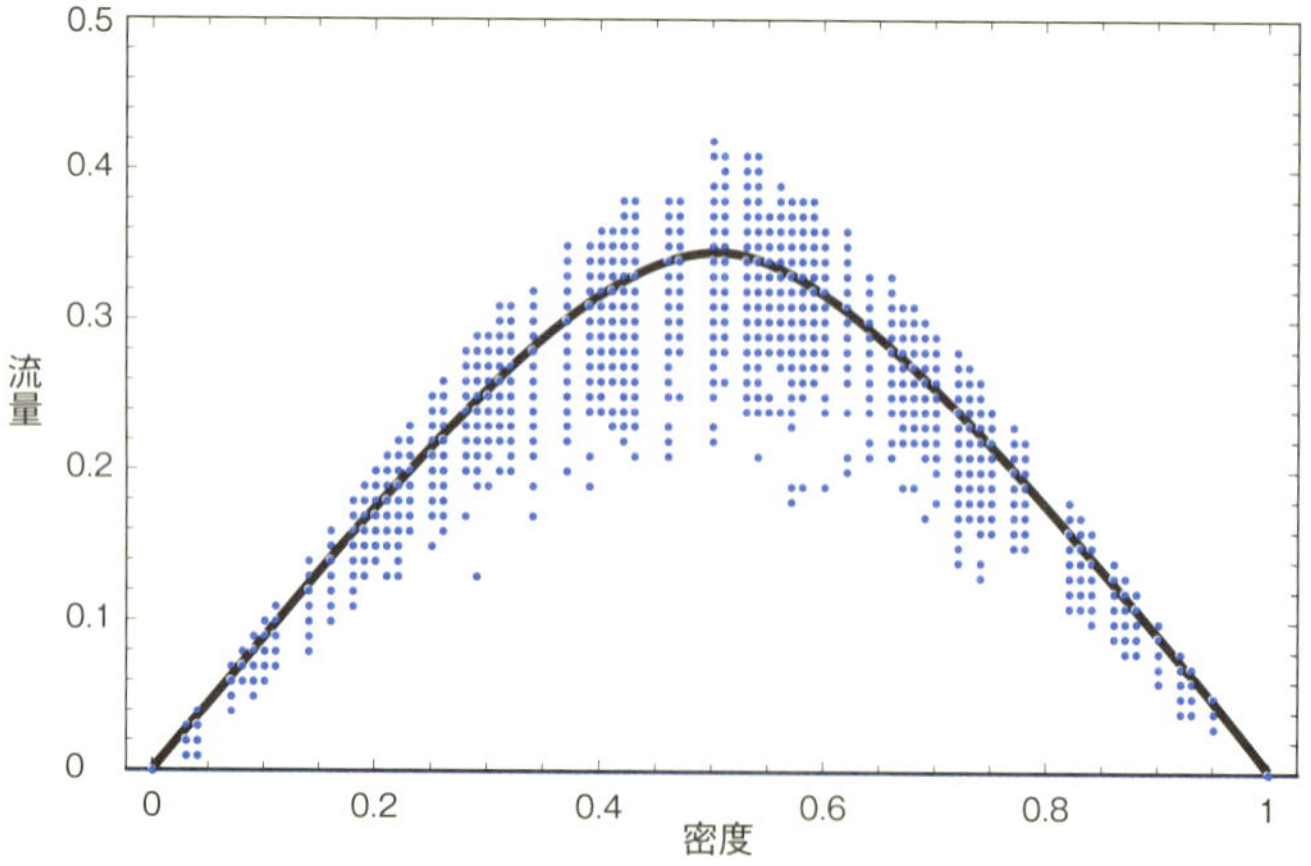

密度をいろいろ変えて図2－3と同じサーキットでシミュレーションしたもの

セルの総数は**100**、前進確率***P***は**0.9**にとった。データ点の平均は山形の曲線になる。これより臨界密度は図2－3と同じで**0.5**であることがわかる。ただし気まぐれに進む粒子なので、流量は確率***P***が**1**の場合である図2－3に比べて全般的に小さい値になっている。また図より準安定状態はない

2-5
新しい渋滞学はこう考える

人や車の渋滞は波のように振る舞う

セルオートマトンだけが渋滞現象を扱う理論なのかといえば、もちろんそんなことはない。すべてを解説し始めるときりがないが、ここでは、もう一つだけ筆者が最近注目している「流体」理論について述べよう。それは、車の流れを空気の流れのように扱うものだ。

流体も超音速になると渋滞が発生！

水や空気の流れは、物理学の「流体力学」という分野で古くから研究されている。空気も細かく見れば酸素や窒素の分子の集まりだが、私たちの眼にはそのような粒子は見えなくて、連続的な物質のように見える。このように、連続的なものの動きを研究する分野が流体力学だ。

車も粒子だが、もしも、遠くから高速道路の車の動きを眺

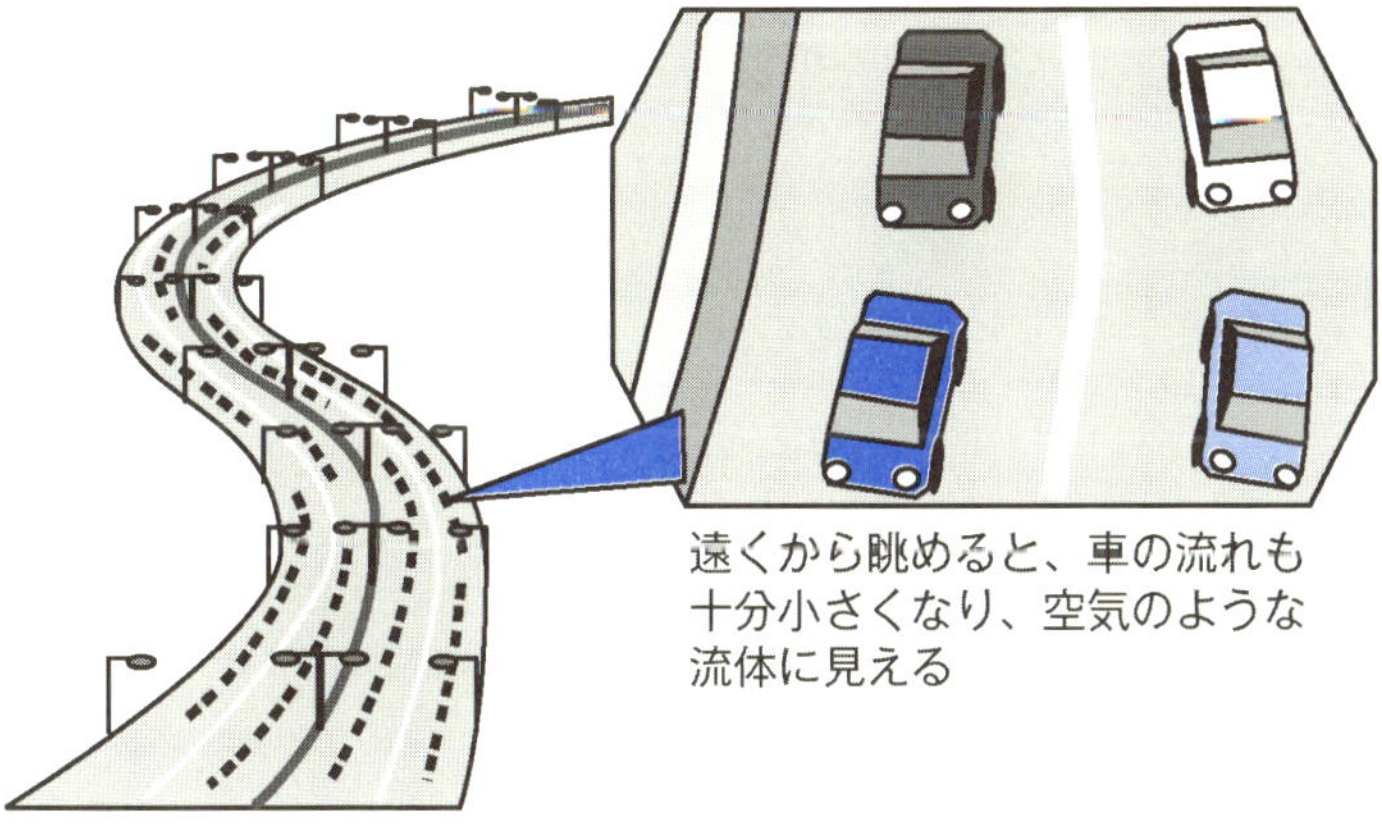

遠くから眺めると、車の流れも十分小さくなり、空気のような流体に見える

図2-10　通り道を狭くしたときの空気と車の違い

①空気の場合

空気の流れは通り道が細くなると早くなる

②車の場合

車は車線が減少すると渋滞が発生して遅くなる

めたら、車のサイズも非常に小さくなり、まるで道路を流れる流体のように見えるだろう。

そのように考えると、これまでたいへんよく研究されてきた流体力学の成果を、車の流れに応用できるのではないか、という考えも極めて自然なものであることがわかるだろう。

しかし、ちょっと考えてみると、いきなり困難に突き当たってしまうことがわかる。次のような状況を考えてみよう。

まず、空気は細いところを通るとき、その速度は速くなる。これは、地下鉄の入口などの狭い通路で、電車が来るとかなり強い風を感じるお馴染みの現象だ。また、口から同じ強さで息を吐く場合、口をすぼめて吐いたほうが口を大きく開けて吐くよりも出てくる息が速くなることを実感する。実際、流体力学によれば、通路の断面積が半分に減ると、そこを通過する速度は2倍になることが示される。

車はどうだろうか。2車線の道路を1車線に絞った場合、そこで渋滞が発生して流れは遅くなってしまう。人も同じだ。つまり車や人は、空気と全く逆の振る舞いをするのだ。

筆者は大学に入る前にこのことを考えていて、ずいぶん悩んでしまった。なぜこのような違いがあるのかについて、当時はちゃんと答えることができなかった。そして大学3年生のとき、流体力学を深く勉強してはじめてこの疑問が解決した。

超音速状態では何が起こっているのか

実は、空気の流れも「超音速状態」になると、その性質はがらりと変わり、車と同じように狭いところを通過すると遅くなる、ということを学んだのだ。つまり、車や人は、超音速状態での気体の振る舞いと似ている点があるのだ。たしかに日常で超音速状態まで速く動いている空気というものを経験することはまずないため、この現象は流体力学を勉強しなければ決して知ることはない。

以下、このことについて少し解説しよう。

図2-11　マッハ数の定義

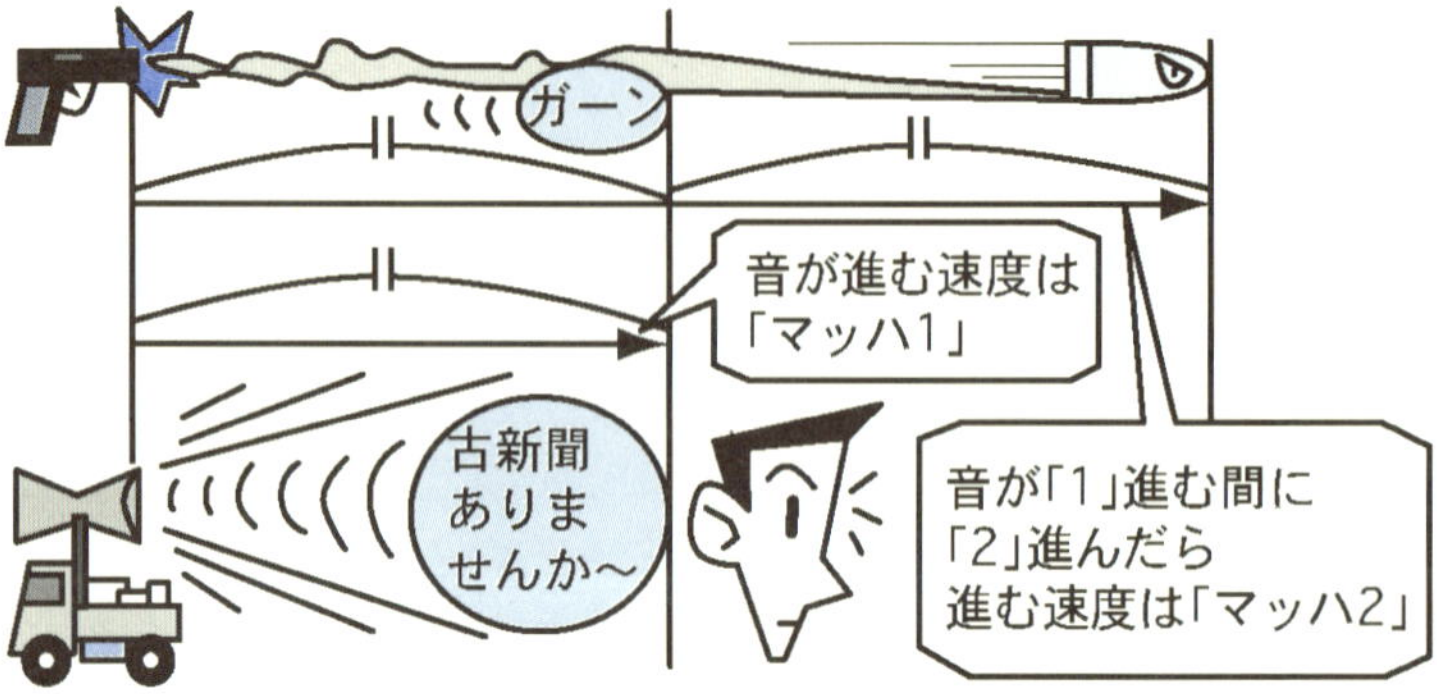

ガーン
音が進む速度は「マッハ1」
古新聞ありませんか〜
音が「1」進む間に「2」進んだら進む速度は「マッハ2」

超音速状態とは、空気の速さが、その中を伝わる音の速さよりも速く動いている状態のことをいう。空気中を音波が伝わる速さは秒速約340メートル。これは時速約1200キロメートルというとんでもない速さだ。

そして音速の何倍で動いているかという量がマッハ数だ。たとえばマッハ2とは、音速の2倍で動いている状態だ。

立場を変えて、静止している空気中を音速より速く動く物体を考えてみる。たとえばピストルの弾丸は一般にマッハ1以上で空気中に飛び出していく。これを弾丸を主人公にして考えると、静止した弾丸に向かって周りの空気がマッハ1以上で流れてくると考えてもよい。これは相対的な問題で、どちらでも同じことだ。

さて、空気中で誰かが声を出せば、その声は

図2-12　マッハ１以上の速さで動く物体の音は上流には伝わらない

音速より速く
動いて叫ぶ
あー！
先にいる人
聞こえない
音速より速い
風の中で
風上に向かって
叫ぶ
あー！
風上の人

音速で四方八方に広がっていく。

ここでもし音速より速くその発声をした人が動いたとすると、声よりも先にその人が到着することになる。これを立場を変えてみると、その人は止まっていて、空気が超音速でその人に向かって流れている状況となり、この場合、その人から見た風上側には声は届かないことになる。

このことから、なぜピストルの弾丸がマッハ１以上なのかがわかるだろう。マッハ１以下ならば、ピストルの発射音を聞いてからすぐによければ、弾には当たらないかもしれないのだ。

この現象は、２００３年に姿を消してしまった超音速旅客機コンコルドで体感できた。コンコルドはマッハ２で飛行していたため、実際にコンコルドが自分の頭上を通過してもその音は

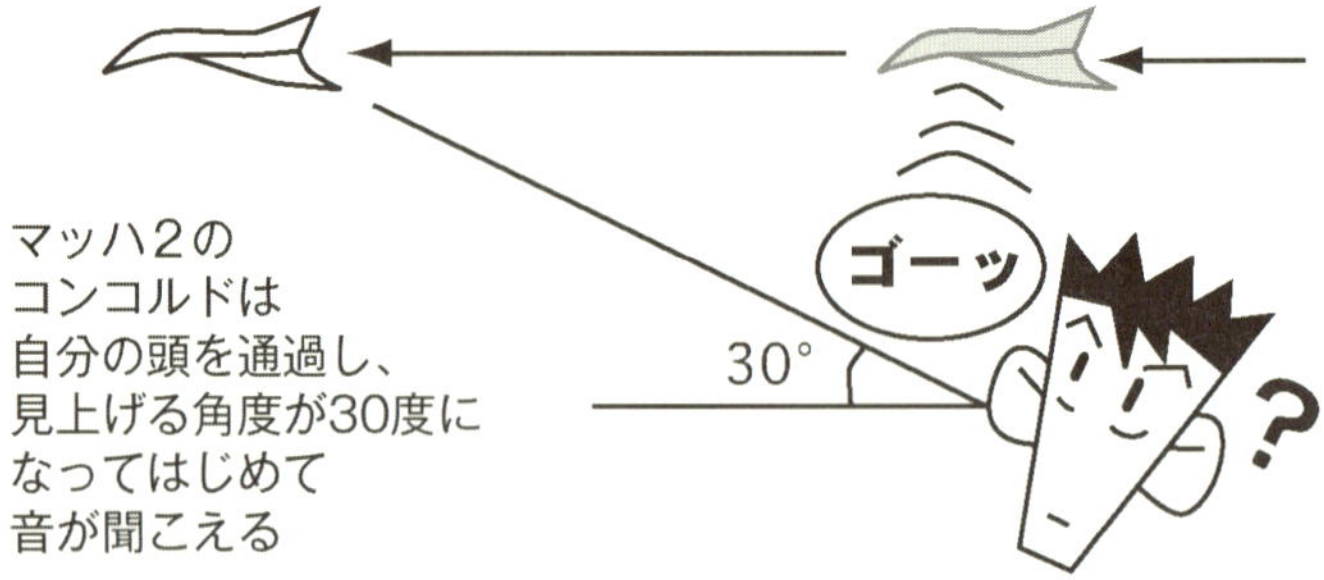
マッハ2の
コンコルドは
自分の頭を通過し、
見上げる角度が30度に
なってはじめて
音が聞こえる
ゴーッ
30°
?

まだ聞こえてこない。聞こえ始めるのは、自分を通過してしばらくたったあとなのだ。

だいぶ遠ざかってからはじめて飛行機の爆音が聞こえるのは、理屈ではわかっていてもやはり驚きだ。

車列のブレーキは後方に波のように伝わる

以上が超音速状態の不思議な世界の様子だが、この世界と自己駆動粒子系との類似をより深く考えるためのキーポイントは、やはり音波だ。

音波とは、空気の振動が伝わっていく現象だ。空気中にいるものが少しでも動けば、それだけで空気の振動を引き起こし、音波を発生する。つまり、この世の中はいろいろなところでさまざまな音波が縦横無尽に飛び交っている世界なのだ。そうなると、この音波は「情報」だと思うこともできる。音が聞こえてくる、ということは、そこに何かがあることを教えてくれている。

超音速で動いている物体は、自分の発する音を自分の前にいるものに伝えることができないと述べた。音速以下で動いていれば、自分の到着の前に音で存在を知らせることができ、後ろにも前にも影響を伝えることが可能だ。しかし超音速状態では、自分の影響は後ろにのみ伝わり、前方に伝えるには、直接そこまで動いていってぶつかるしかない。

これは車の流れとそっくりだ。仮にある車がちょっとブレーキを踏むとする。すると、その影響は後ろにのみ伝わる。自分の車のブレーキが、自分の前の車に影響を与えることはないのだ。

自分の存在を前の車に伝えることができるとすれば、クラクションやライト以外で

図2-13　ブレーキは後ろにのみ影響を及ぼす

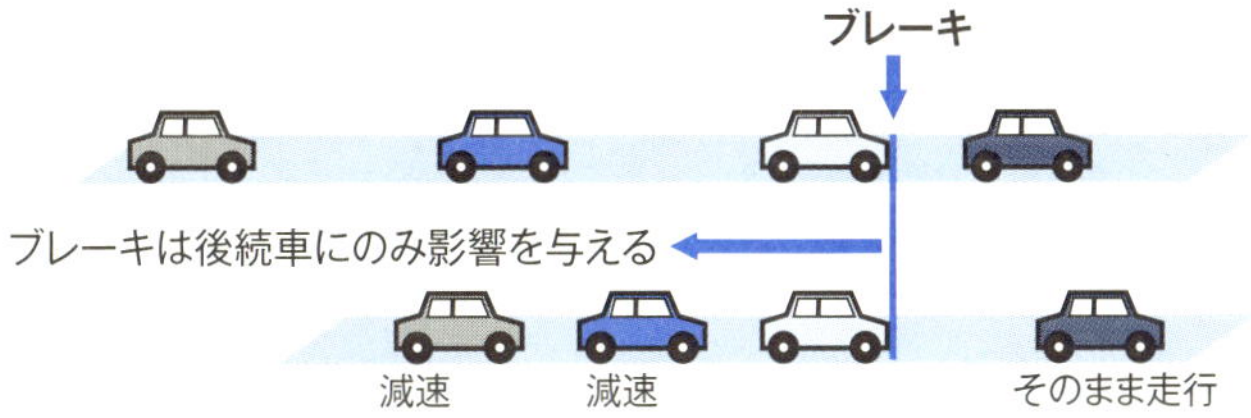
ブレーキ
ブレーキは後続車にのみ影響を与える
減速
減速
そのまま走行

ブレーキは後ろのほうのみに影響を与えます
これは前節にあった「超音速」での音の伝わり方に似ています

は、前の車に衝突するしかない。つまり、車の流れとは、流体力学でいえば、つねに超音速状態であるといえるのだ。

そうなると、たとえば通路が前方で細くなっているという情報は、音速以下の流れの状態ではちゃんと音波によって十分やりとりをしているため備えができており、流れがそこで滞らないと考えられる。したがって、音速以下の空気の流れでは、通路が細くなればそれにあわせてちゃんと速さは速くなる。しかし超音速の空気の流れでは、情報のやりとりが十分でないため、その場所に実際に行くまで何もわからない。したがって対策が十分とれずに流れが悪くなり、渋滞して遅くなると考えられるのだ。

青信号で次々と発進する車列に現れる「波」

それでは、車や人の流れの中における音波とは何か、についてさらに考察を加えてみよう。

空気の場合、音とは空気中の分子を揺らすと、その振動が他の分子に伝わっていく速さのことだ。車の場合も、車の列の中のある車がブレーキを踏むなどの動作をしたときに、その影響が他の車に伝わっていく速さこそが車の音波になる。

最もわかりやすいのは、赤信号で止まっている車の列を考え、青信号に変わったときに前から次々と発進する車の位置が後ろへシフトしていく速度だ。これは、前の車が動いて、それを見て後ろの車が動いて、という発進の連鎖が伝わっていくもので、容易にその「発進波」の後退速度を測定することができる。

その値は、これまでの研究でおよそ時速20キロメートル、つまり秒速約5・6メートルであることがわかっている。

これより、車1台分の長さと停止時の車間距離の合計を約8メートルとすると、1・4秒ごとに1台進むという計算

図2-14　信号が青に変わったときの車の「発進波」

時間の経過
次々と発進する車の位置▲は、後ろにシフトしていく。

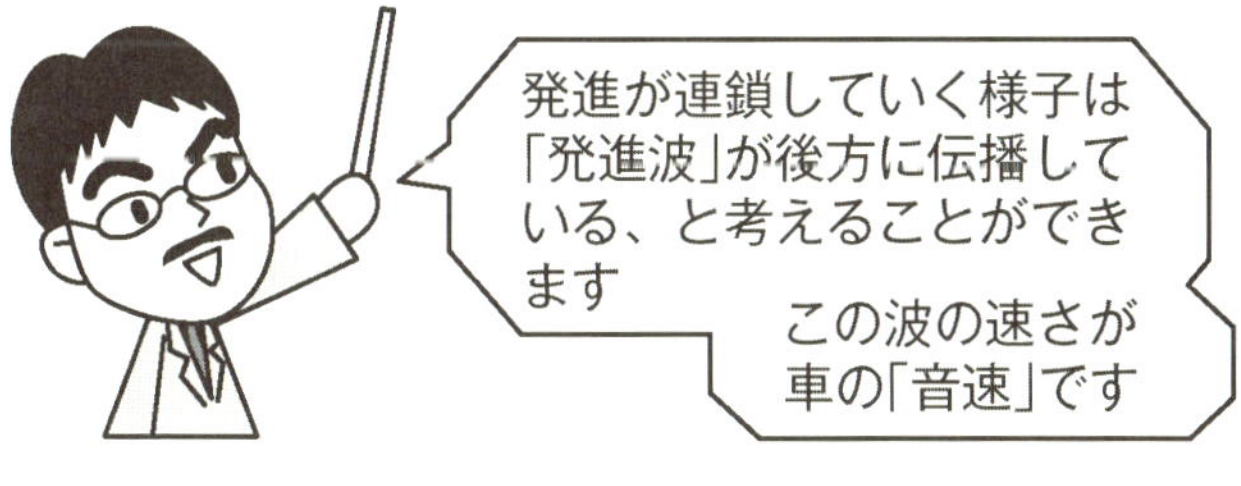

発進が連鎖していく様子は「発進波」が後方に伝播している、と考えることができます
この波の速さが車の「音速」です

になる。多めに見積もって、車1台あたり1・5秒かかると記憶しておくとよい。そうすると、赤信号で停止時に自分の前に5台車が止まっていれば、青信号になってから自分が動けるのは約7・5秒後だ。このように、あとどれくらいで動けるのかを知っているだけでも、渋滞ストレスは少しは減るのではないかと思う。

同じことを人で実験してみると、およそ毎秒0・8メートルの速さだ。これはもちろん年齢や状況によって異なるが、通常はだいたいこのくらいの速さで見積もることができる。人が一列に静止して並んでおり、先頭から順に動き出したとすると、1人が占めている長さを80センチメートルとすれば、1秒ごとに1人動きだす、ということになる。

このように、後ろのほうの車や人は動き出すのが遅れるわけであり、その遅れが伝わるスピードこそが車や人の音波と考えられるのだ。

超音速状態の流体力学を用いて、自己駆動粒子系を考える研究はまだ始まったばかりだ。筆者はセルオートマトン法とこの流体理論の融合が最も将来性のある興味深いテーマだと考えている。今後のこの理論の発展に期待してほしい。

第3章

人間行動のモデル化とシミュレーション

3-1 人間行動のモデル化とシミュレーション

人は出口からどのように出るか

　前章で見たとおり、車のモデル化は比較的研究が進んでおり、実際のデータも豊富に存在する。しかし、人のモデル化に関しては、ここ数年発展してきた極めて新しい分野であるため、車の研究に比べるとまだほとんど進んでいないのが現状だ。それなのに、その研究の必要性と需要は車にも増して近年急速に増大しているのだ。

　やはり、確実に来ると考えられている大地震などに対する防災意識の高まりのせいもあるのだろう。兵庫県明石市での歩道橋事故など、人が密集したところで起きた死亡事故や火災もニュースで多く報道され、

実際に人を配置して実験できないので…
非常口
コンピュータを使って
シミュレーションします

いつか自分が巻き込まれるかもしれないという不安から、その対策についても人々の関心が高まっている。

地震や火事などの災害からの避難は、まさか実際に実験をするわけにはいかないので、人のモデル化とコンピュータによるシミュレーションは、防災計画の観点から現在世界中で注目されている。この章では、この最新の研究を紹介しよう。

人が歩けなくなる混雑の限界

よいモデル化のためには実際の精密なデータが必要だ。まずは人のいろいろなデータを見ていくことから始めよう。渋滞学で重要なのは基本図だと書いたが、人の動きは車以上に個性があり、なかなか綺麗な基本図が得られない。そのため、状況や対象を限定してさまざまに調べられてきた。

第1章に載せた基本図は、都市でのいろいろな人が混在する自然な状態で観測されたものの平均値であり、状況が変わるとそのカーブは若干異なってくる。とくに流量がゼロになる最高密度の値が最も変化が大きく、1平方メートルあたり3・5人くらいから、ドイツのデータでは何と5・4人という例を見たことがある。通常は1平方メートルに大人4人もいると動けなくなるが、年末の上野のアメ横通りなどはこれ以上の混雑の場合もあるのに、たしかに全体がジリジリと動いている。

このようにバラつく理由は、高い人口密度での人の配置がいろいろ考えられるためで、体の向きをこまめに変えたり、体の大きさの異なる人がいたり、また周囲との人間関係などによって密集状態の様子がかなり変化するからだ。

これに対して、渋滞になる臨界密度はどの基本図のデータもほぼ1平方メートルあたり1・7人から2人弱程度で、やはり車の場合と同じくこの渋滞になる臨界密度はある程度の普遍性があるといえる。

以上が平地での歩行の例だ。

次に階段での上りと下りのデータを見てみよう。これは階段の一段の高さ（蹴上げ

図3-1　人が渋滞する臨界密度はほぼ決まっている

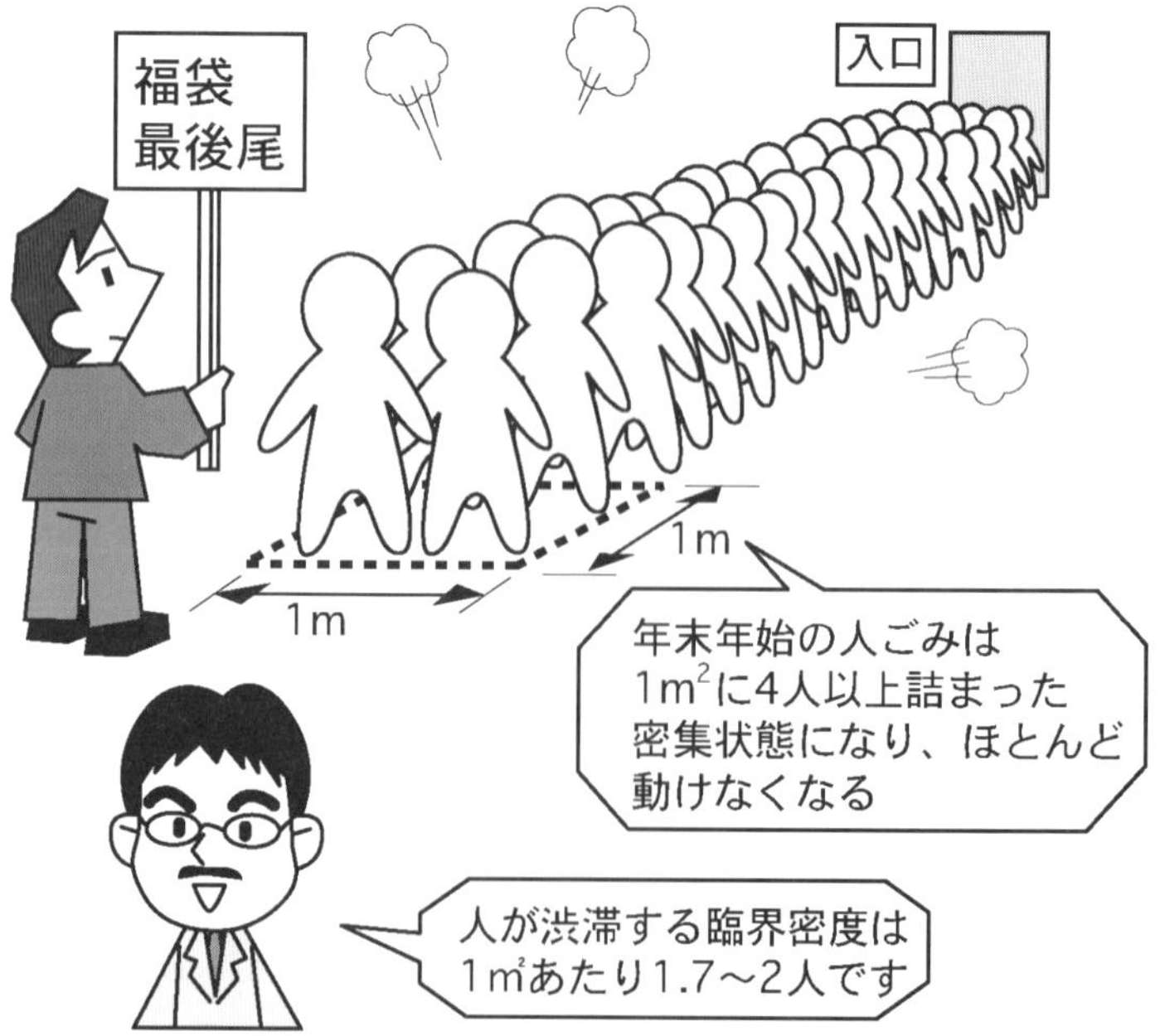
福袋
最後尾
入口
1m
1m
年末年始の人ごみは
1m²に4人以上詰まった
密集状態になり、ほとんど
動けなくなる
人が渋滞する臨界密度は
1m²あたり1.7～2人です

寸法）と踏み面の奥行き（踏み面寸法）に依存する。

　ドイツでの実験の例では、12段の短い階段（蹴上げ寸法15センチメートル、踏み面寸法37センチメートル）において、混雑していないときは上りの速度は毎秒0・78メートル、下りの速度は毎秒0・83メートルだった。ところが興味深いことに、混雑しているときは、上りが毎秒0・71メートル、下りが毎秒0・65メートルと、下りより上りのほうが速度が速くなったのだ。

　これは人間は下りの方が混雑時に危険を感じるため、慎重に下りている様子を表していると考えられる。無理に早く下りようとして前の人をちょっとでも押してしまうと、そのまま前に転倒してしまい、周囲を

図3-2　混雑時の階段を再現した実験

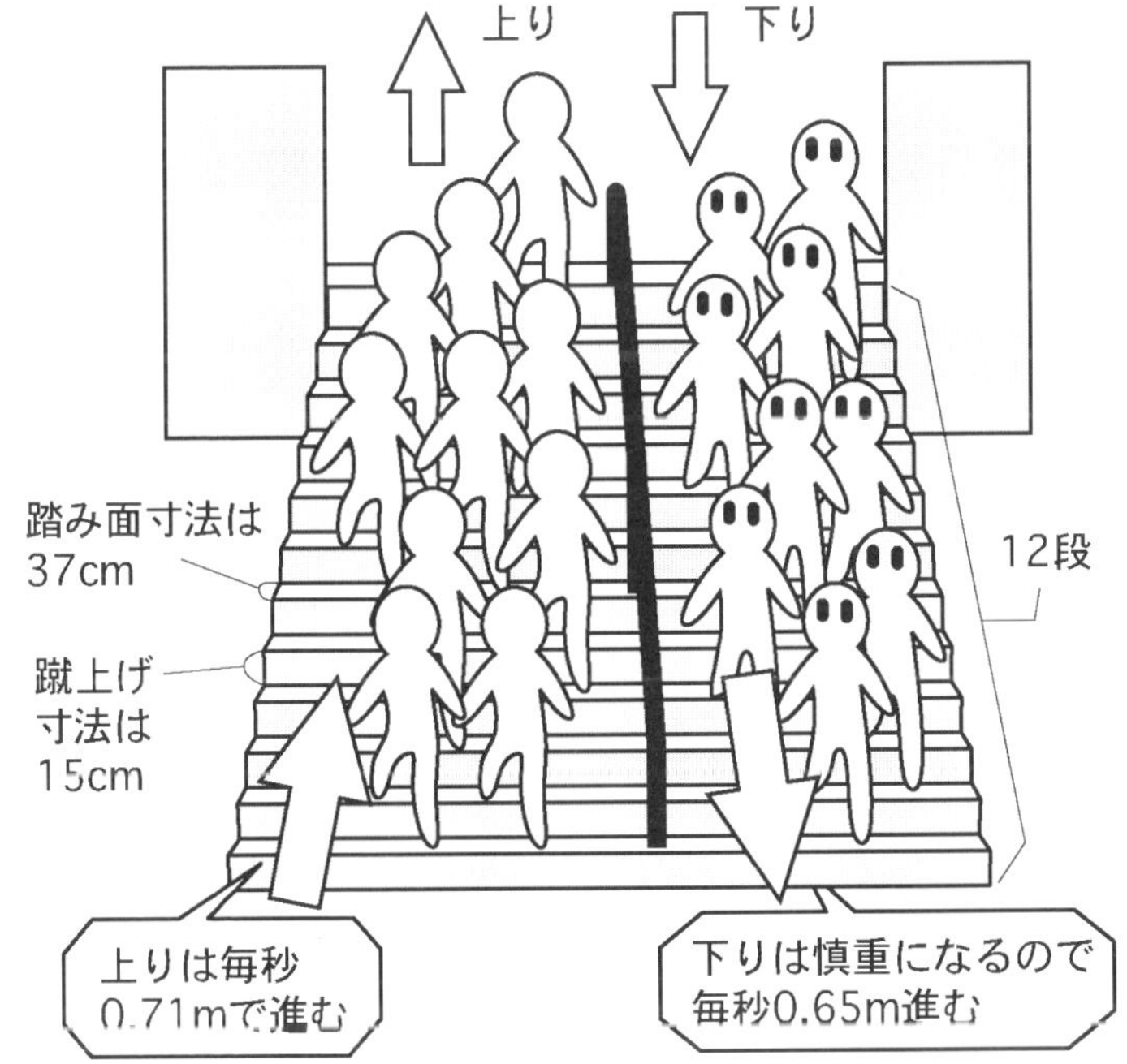
上り
下り
踏み面寸法は
37cm
蹴上げ
寸法は
15cm
12段
上りは毎秒
0.71mで進む
下りは慎重になるので
毎秒0.65m進む

巻き込んだ大惨事になってしまう可能性が高い。それゆえ混雑度に応じて歩き方を調整しながら賢く危険回避をしているのだ。

またこの速度は、階段の段数が多くなるほど下がってくることも知られている。たとえば180段くらいの長い階段の場合、混雑していないときの上りで毎秒0・4メートル程度にまで速度が落ちるというデータがある。これは、上がるのに疲れて遅くなっているということではなく、人間は階段を上がる前に上を見上げて、瞬時に体力配分してちゃんと最後まで上がりきれるように調整しているからと考えられる。

平地を自由に歩くときの平均速度は毎秒1・5メートルくらいなので、いずれにしろ階段では、歩く速度は平地の半分以下になっている。このため、階段は流れが停滞する場所になっていて、こういった場所をボトルネック*と呼んでいる。ボトルネックは渋滞発生のメッカであり、他にまず思いつくのは出入口だ。そこで次は出入口を通過する人の流れのデータを見てみよう。

人は出口からどのように出るか

コンサートが終わって会場の外に出ようとしても、人が出口の前にたくさん溜まっていてなかなか前に進めない経験をした人は多いだろう。出口は幅が狭いので、そこ

＊ボトルネック
びんのくびのように、道幅が細くなっている場所を指す言葉。通過しにくく混雑が発生しやすい箇所の意味で広く使われ、ベルトコンベアなどの流れ作業で、作業が遅い機械や人などに対しても使われる。

は流れが悪くなるボトルネック箇所だ。出口での流れの様子と出口幅の関係は避難安全の問題とも関わっており、極めて重要なためにいろいろな研究がなされてきた。ここではドイツのドゥイスブルク大学で行われた興味深い実験結果を紹介しよう。

出口の幅を40センチメートルから160センチメートルまで変化させ、80人の学生がどのように部屋から退出するかを調べたものだ。実験では、全員が出口の前にあらかじめ近寄った状態からスタートし、とくにお互い競争せずに歩いて出口から出てもらった。全員が退出するまでの時間と出口幅の関係が次ページの図3・3だ。

これによれば、40センチメートルの狭いときが90秒と最も時間がかかり、幅が広くなると流れがよくなって、120センチメートルの幅まで退出時間が減少する。しかしそれ以上広くなっても退出時間は約40秒のままでほぼ一定になっている。これは、出口幅がある程度以上広くなれば、人々はそこをボトルネックと感じなくなり、とくに出口で流れは絞られずに通常歩行のまま通過しようとしている様子を表している。

この出入口通過のいろいろな問題を考えるときに重要な量が、流動係数といわれているものだ。これは建築基準法で使われている用語で、1秒間で出口幅1メートルあたり何人出るかというものだ。たとえば、幅2メートルの出口から5秒間に10人出た場合、10を5(秒)で割り、さらに2(メートル)で割って流動係数は1となる。通常の

図3-3　出口幅と総退出時間の関係

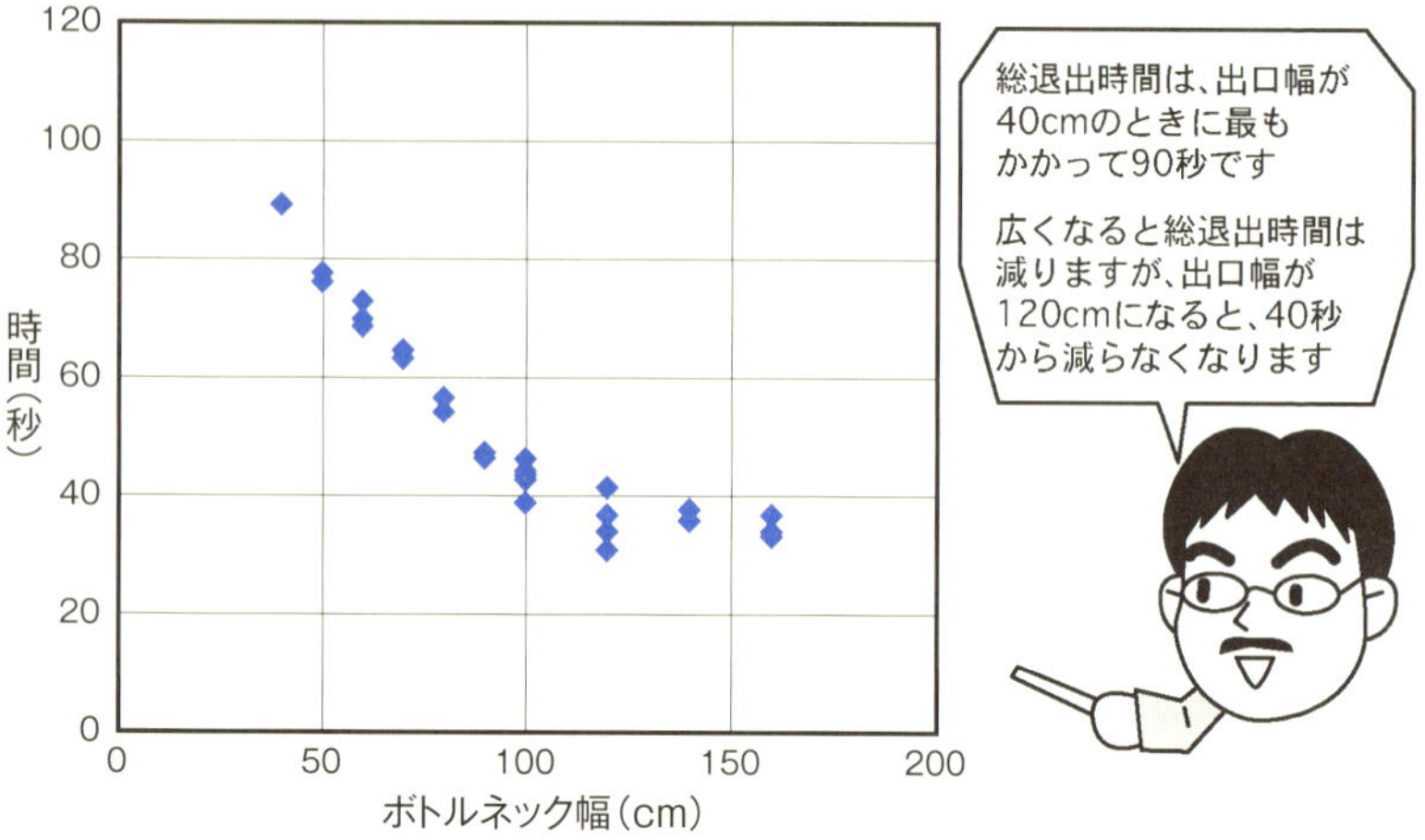

120
100
80
60
40
20
0
時間（秒）
0
50
100
150
200
ボトルネック幅（cm）
総退出時間は、出口幅が40cmのときに最もかかって90秒です
広くなると総退出時間は減りますが、出口幅が120cmになると、40秒から減らなくなります

図3-4　出口幅と流動係数の関係

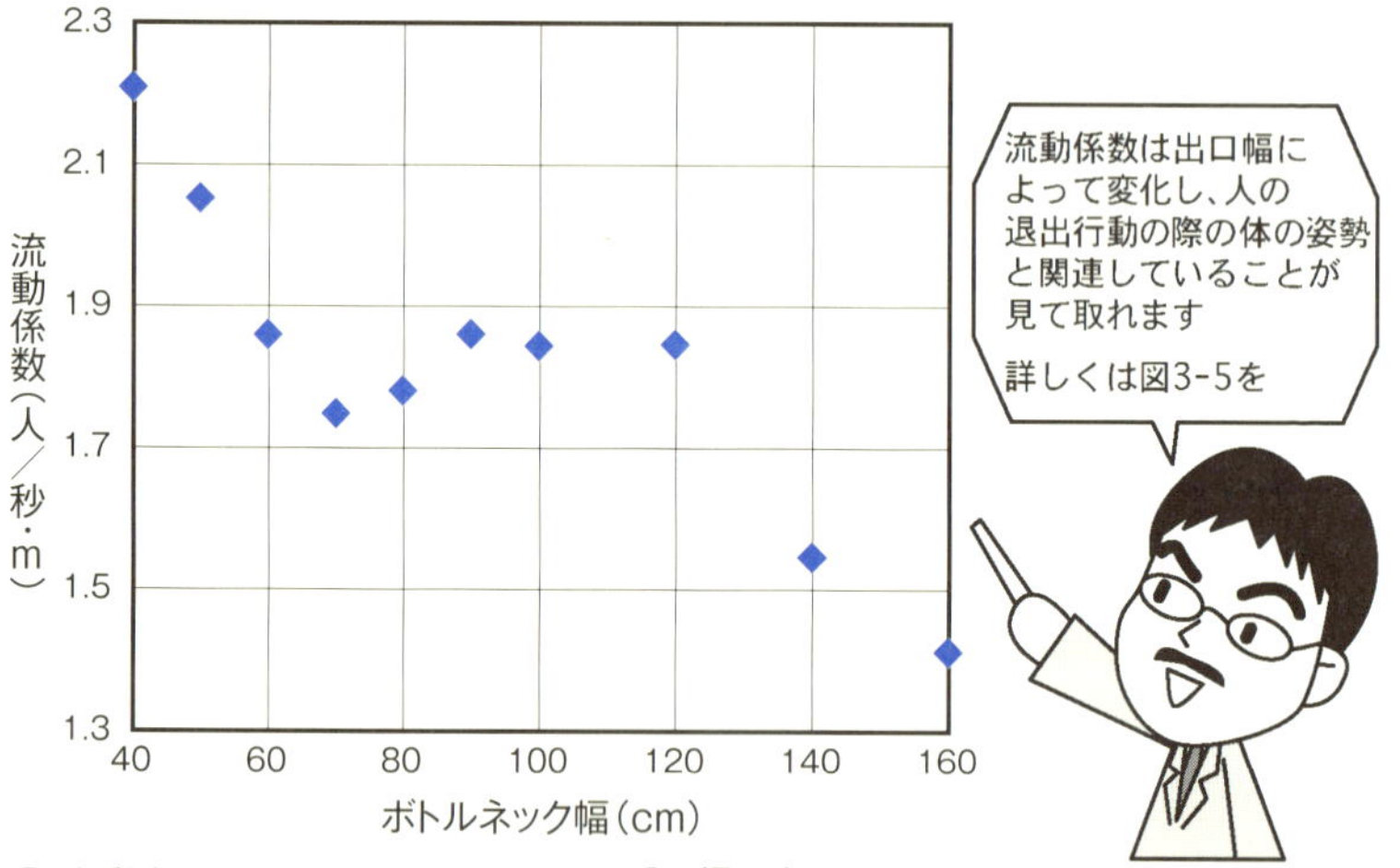

2.3
2.1
1.9
1.7
1.5
1.3
流動係数（人／秒・m）
40
60
80
100
120
140
160
ボトルネック幅（cm）
流動係数は出口幅によって変化し、人の退出行動の際の体の姿勢と関連していることが見て取れます
詳しくは図3-5を

●流動係数の求め方

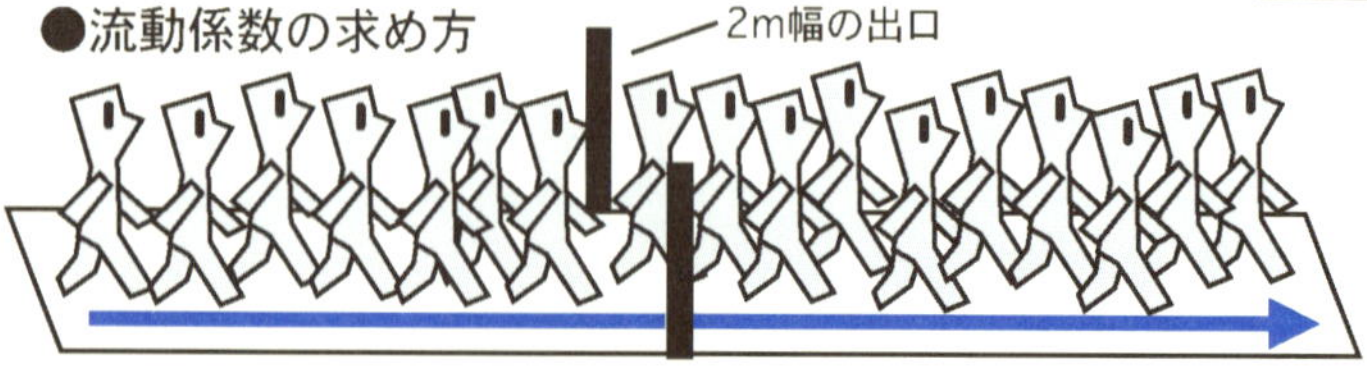

2m幅の出口

5秒間で10人退出すると → 流動係数＝10（人）÷5（秒）÷2（m）＝1（人/秒・m）
（幅1mあたり、1秒当たりの退出人数という意味）

退出での流動係数の値は1・5程度であり、日本の建築基準法にはほとんどの場面でこの値を使って設計するように定めてある。

ドイツの同じ実験での流動係数を調べたものが図3‐4だ。

これを見ると、まず70センチメートル以下では狭いほど流動係数が大きくなり、最大2・2まで上昇している。これは一見細い通路ほど早く出られるのではないかと思われる結果だが、そうではない。この上昇の理由は、40センチメートル幅の出口を通過する際の人間の姿勢変化にある。幅が狭くなると人は体を横に回転して、一瞬カニ歩きのような状態をとる。この体の回転効果により、まっすぐ正面を向いて歩く場合に比べて人口密度が上昇する。流動係数は幅1メートルあたりの換算量なので、結果的にその値は上がることになるのだ（図3‐5①）。

この体の回転効果がなくなるのが幅70センチメートルくらいであり、これは肩幅より少し大きいくらいの出口幅だ。そしてこの幅より出口が広くなると再び流動係数は少し上昇し始める。70センチメートルくらいで流動係数が小さくなるのには、もう一つ重要な理由がある。それは、2人が同時に出口から出られるかそうでないかのギリギリの幅でもあるということだ。もしも2人同時に出口の前に来ると、一瞬お見合いをしたり、何らかの無言の駆け引きをして、どちらかが通過の優先権を獲得する。こ

図3-5　出口の幅に応じて集団の振る舞いが変わる様子

出口
幅は
40cm～160cm
コンサートが終わって
防音扉が開いた。さて…
①
②と③
④
2.3
2.1
1.9
1.7
1.5
1.3
流動係数（人／秒・m）
40
60
80
100
120
140
160
ボトルネック幅（cm）
①体をひねって通過
（40cm～70cm）
②微妙な出口幅で一瞬お見合い。
その後ジッパー合流ができる
③に続く
（70cm～90cm）
③交互に譲り合う
ジッパー合流
④迷わず通過できるため
歩行は安定
（90cm～120cm）

の際の、一瞬の判断時間のロスのために、流れが悪くなるのだ（図3‐5②）。

そしてこの微妙な幅のあたりでは、しばらくすると流れは自然に交互に合流するようになる。人間はここでも賢さを発揮し、今右側に立っている人が通過すれば、次は左側の人、というような、交互に譲り合う公平な通過をしたほうが全体として得をする、ということを直感的に感じているのだろう。これをジッパー（ファスナー）合流と呼んでいる。まさにファスナーを閉じるときのように、左右交互に規則正しく合流して流れていくのだ（図3‐5③）。

そしてこれより幅が広くなれば、2人がほとんど迷わず通過できる広さになるため流れは安定し、120センチメートルの出口幅まで流動係数も約1・85のまま一定になる（図3‐5④）。さらに幅を広げると今度は流動係数が1・4まで低下してしまう。これは幅が十分広いために、幅いっぱいに人が広がらずに通過することが原因だ。そのうえ前にも述べたが、人はそこをボトルネックと思わなくなり、多少なりとも持っていた狭い通路通過のプレッシャーや焦りが消えて、歩行もよりゆっくりになることも原因だと考えられる。

出口幅を変化させると、集団の退出の様子がこうも変わる。そして、このようなボトルネックでの詳細な振る舞いが明らかになってきたのも、つい最近のことなのだ。

モデル化の前提となる情報の種類と人のクセ

人間の群集行動を決める3つの情報

群集の中における人間の意思決定と行動について、心理学的な立場で考えてみよう。これこそがモデル化のルール作成にとても重要になるものだ。まず、人間は3つのレベルでの情報判断をしながら動いていると考えられている。それはグローバル、セミローカル、そしてローカルな情報だ。これを順に説明しよう。

①グローバル情報（図3-6）

これは自分がいる部屋や建物全体のレイアウト、また出入口の位置などの知識のことだ。これらは慣れた場所では完全な知識があると考えられるが、はじめて

図3-6　グローバル情報

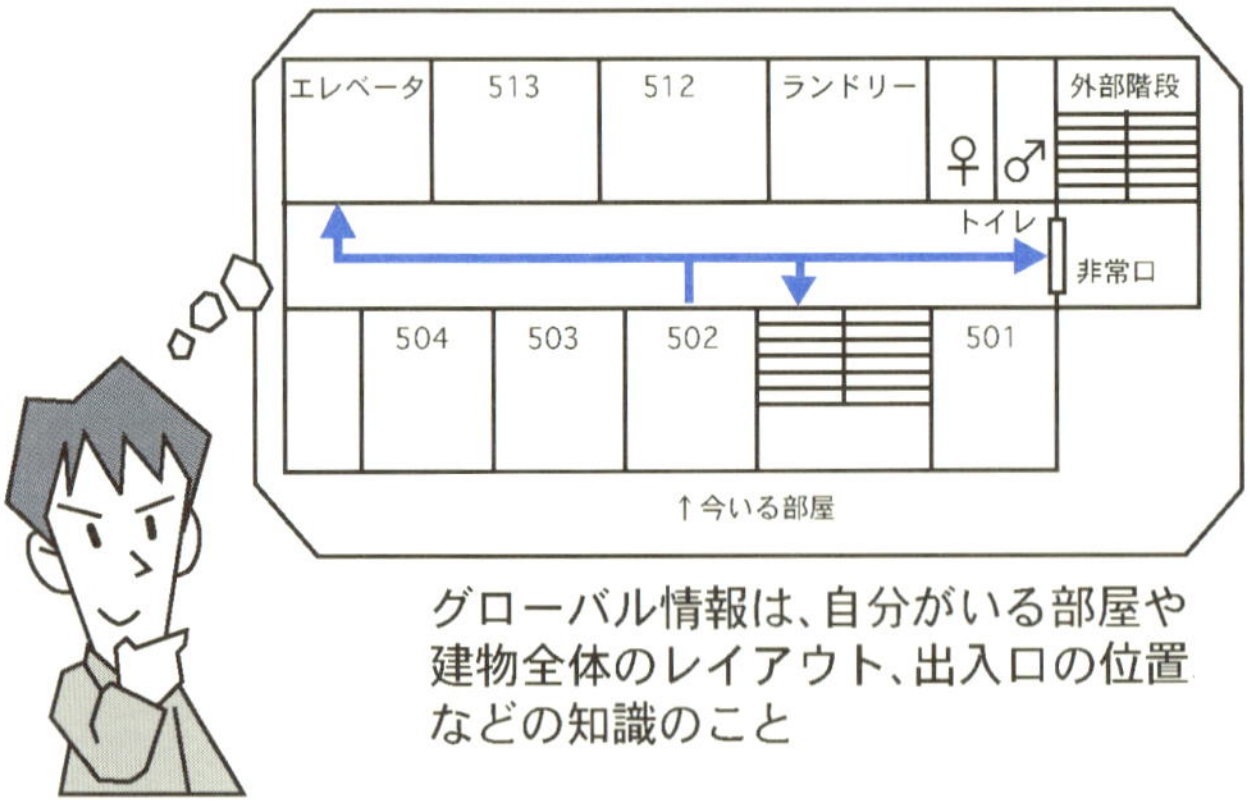
エレベータ
513
512
ランドリー
♀
♂
外部階段
トイレ
非常口
504
503
502
501
↑今いる部屋

グローバル情報は、自分がいる部屋や建物全体のレイアウト、出入口の位置などの知識のこと

の場所では不完全な情報しか持っていないこともある。また、火事などの災害が起こった場合、放送や係員などによる全体の誘導や火災発生場所の通知などもグローバル情報に含まれる。この情報に基づいて人間は目的地、あるいは安全な場所への最短コースをとろうと合理的な判断をして行動する。また同時に危険箇所からなるべく離れようという行動もとる。

②セミローカル情報（次ページ図3‐7）

自分の視野の範囲にある情報のことだ。人間はだいたい自分の前方5メートルくらいの、縦に伸びた楕円の視野の範囲にいる人や物を見ながら行動している。この中にある避難方向指示板なども目に入れば重要なセミローカル情報となる。とくに重要なのは目に見えている他人の動きで、もし自分の方に向かってくるなら、早いうちから衝突を回避しようと、自分の進む方向や速度を調整する。他人について行こうとする場合も、この範囲の人々の動きに追従して自分の進む方向を決めている。

この楕円の大きさや形は状況によって大きく変わりうる。障害物があったり、火災による煙などで視界が悪いときは、セミローカル情報はその分少なくなってしまう。この範囲はパーソナルスペースともいわれ、その人間の行動に強い影響を与えることが知られている。

③ローカル情報（図3-7）

一般にパーソナルスペースは状況の違いによっていろいろな定義や分類があるが、ここでは簡単に大きいパーソナルスペースと小さいパーソナルスペースの2つに分けることにしよう。前者がセミローカルなエリア、そして後者がローカルなエリアに対応する。ローカルとは、自分の周囲1メートル程度の範囲で、いわば直接お互いがぶつかるような範囲だ。この小さいパーソナルスペースから得る肉体的接触、摩擦などの情報がローカル情報だ。

実はこのローカル情報こそ、セルオートマトンの「前がつまっていると動けない」というルールに対応するものだ。他

図3-7　セミローカル情報、ローカル情報

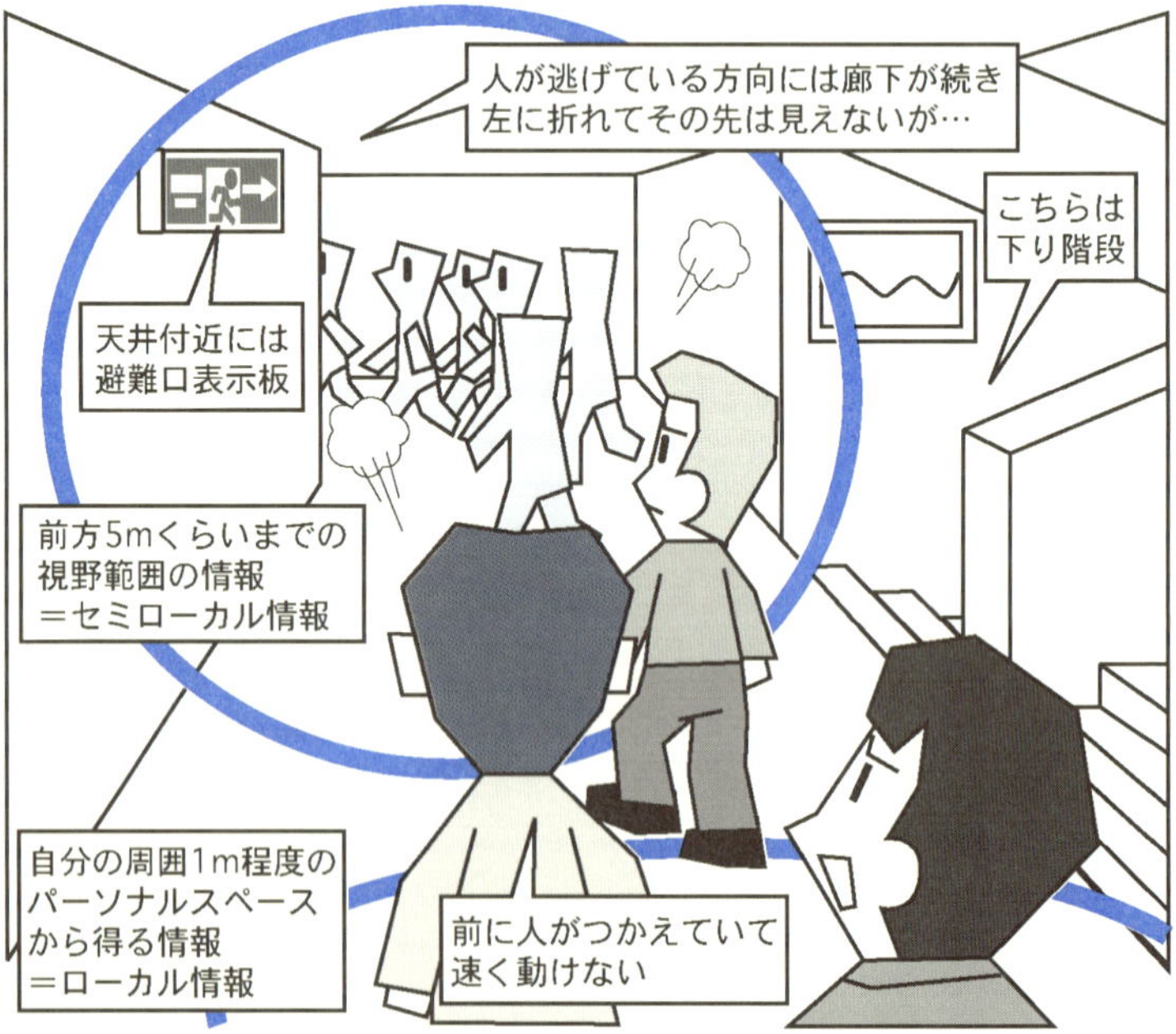

人が逃げている方向には廊下が続き
左に折れてその先は見えないが…
こちらは
下り階段
天井付近には
避難口表示板
前方5mくらいまでの
視野範囲の情報
＝セミローカル情報
自分の周囲1m程度の
パーソナルスペース
から得る情報
＝ローカル情報
前に人がつかえていて
速く動けない

人がいる場所には移動できないため、0と1のセルオートマトンによるモデル化をするということは、自然にこのローカル情報がモデルに入ることになる。

このように、人は行動に際して、環境に関する大きな情報と、絶えず変化する視覚からの情報、および接触などによる物理的な力の3つの情報を利用しているのだ。そして常に状況を判断し、その情報をフィードバックしながら次の行動をとっている。

モデル化に重要となる人間行動のクセ

ここで、その他の典型的な行動についての心理学的研究のうち、とくにモデル化に重要と考えられるものを箇条書きで紹介しよう。

① 避難経路の選択について、最短距離を選ぶよりも最小時間で行けるルートを選ぶ傾向がある。もちろんこの2つのルートは障害物や混雑などがない場合には一致する。そして、なるべくその予定したルートを歩こうとする。

② 歩行中は歩行の加減速を最小にしようとする。そして目的地までたどり着くあらゆる労力を最小にしようと行動する。また、個人の快適と思う望ましい速度で歩き

続けようとする。

③ 他人との距離をある程度維持しようとする。この距離は密度や速度などによって変動する。

④ 人のグループが形成されると、そのグループは全体として1人の人のように行動する傾向がある。

⑤ パニック時での逃げる方向については、放送や指示などのグローバル情報を頼る場合が多いが、これらがない場合は他人に追従するというデータがある。パニック時には自分の判断能力が低下し、自ら考えて行動するというよりは他人への追従挙動が見られ、他人を追うばかりで出口へのルートが見落とされることもある。

この節では人のデータや実験を見てきたが、これらを踏まえて、いよいよ次に人の集団行動のモデル化について考えていこう。

見落とされた
出口へのルート
思考力が低下し、ただ
人についていくだけ！

3-3 人間行動のモデル化とシミュレーション

いざ、群集の行動をモデル化する

あらかじめ断っておくと、人の動きをどのようにモデル化すればよいかについて、とくに「これが正解」というものは存在しない。ここが従来の物理学とは大きく違うところだ。たとえば空気の流れについては、その基礎になるモデル（数式）がきちんとあって、それは世界共通のものだ。しかし人の行動は一般に大変複雑で、人それぞれに個性もあり、すべての要素を考慮に入れるのは無理がある。また人のモデルといえば筆者が知るだけでもこれまで10以上のモデルが提案されている。しかしどれも「完璧」なものではなく、ある程度状況を限定すれば正しそうな振る舞いをする、という程度にすぎない。

それでもモデルを作る意義が大きいのはこれまで述べたとおりで、実際にさまざまな限定された状況でモデルは有効に使われ始めている。ただし、少なくともこれまで見たような実際のデータを再現できるものでなくてはならない。モデルは避難安全の検証にも使われ、私たちの生命と直接関連してくるので慎重に研究を進めなくてはならない。

フロアフィールドモデルは碁盤目状のセルを使用する

ここでは、そのような検証がかなり進んでいるモデルとして、フロアフィールドモデルというものを紹介しよう。これはパニック状態での避難や、駅などの通路の流れなど、ある程度目的や行動が単純化された状況下での集団の動きにうまく適用できるモデルだ。

モデル化の手法としては、これまでと同じセルオートマトンを用いる。ただし今回は車とは違い、人は直線上のみを動くわけではないため、正方形のセルを碁盤目状に敷き詰めた平面上で0と1を動かしていくモデルにしよう。同じセルに1が2つ入ることはできないので、他人とぶつかって進めないというローカル情報は、セルオートマトンでは自動的に入ることになる。したがって、セミローカル情報とグローバル情報をどのようなルールでうまくモデルに入れるか、というところがポイントになる。ここで使われるアイディアがフロアフィールドといわれているものだ。

図3-8　群集のモデルには二次元セル格子を使用する

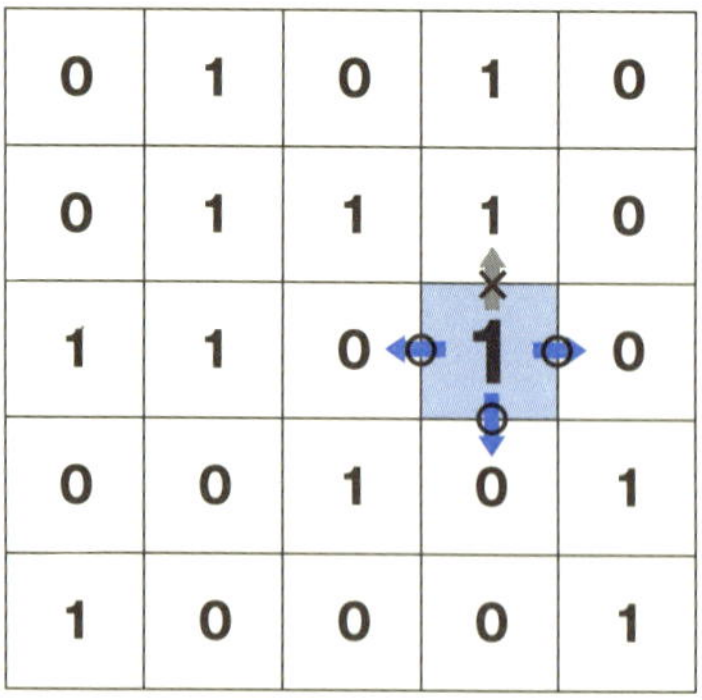
0 1 0 1 0
0 1 1 1 0
1 1 0 1 0
0 0 1 0 1
1 0 0 0 1
×
○

ルール

移動先が0であればその1は動ける

移動先が1であればその1は動けない

これを基に、実際にどう動くかのモデルを組み立てていく

他人の位置情報と最短ルート情報を取り入れる

まずセミローカルな情報として、他人の動きを捉えるために他人の残した「足跡」に注目する。足跡を見れば他人の位置情報がおおよそわかり、足跡の多い方に進めば他人に追従することを表していると考えられる。つまり、床の各セルに足跡の数の情報を保持させる、という考えだ。こうすることで、シミュレーションをする際にいちいち周囲に他人がいるかどうかを遠くのほうまでチェックしなくても、自分の周囲の足跡数を見るだけで他人の存在に関するセミローカル情報がおおよそ得られるため、極めて効率のよいモデルになる。

通常は自分のセルに隣接した東西南北の4セルの情報だけを見れば十分だ。また、足跡はいつまでも残しておくわけではなく、ある程度時間が経ったら消すことを忘れてはならない。いつまでも足跡が残っているということは、ずっと視界が遠くまであることに対応しているからだ。実際はセミローカルの楕円の大きさに

図3-9　セルに「足跡」の情報を保持させる

足跡の数を見れば
他人の位置情報が
おおよそわかります
足跡の多い方へ
進めばいいんだ！

合わせて足跡を消すまでの時間を決める。

もう一つはグローバル情報だが、出口などの目的地までの最短ルートという最も大切な要素をモデルに入れよう。もちろん障害物がある場合には、それを迂回して動くことも考慮したうえでの最短ルートを考える。

人々は完全に建物のレイアウトを知っていると仮定する。すると、出口への最短距離方向にいつも向かって歩こうとすることをモデル化するには、今自分がいる位置からどの方向が最短かを常に知っていなくてはならない。これを簡単にルール化するために、床に目的地までの距離を書いておく方法をとる。ここでもまた床のセルに活躍してもらい、各セルに目的地まであと何メートルというグローバル情報をあらかじめ書いておく。すると、最短距離方向の探索は極めて簡単で、自分の周囲の4セルを見るだけでわかってしまう。

以上のこのモデルでは、行動に最も大きく重要な影響を与える2つの情報、つまり他者の存在と最短コースを選び、それらをフロアの各セルを利用して格納することで、効率よくモデルに組み込んで

図3-10　セルに「目的地までの距離」を保持させる

いる。足跡情報の方は時々刻々変化するため、「動的」フロアフィールドといわれ、また最短距離のほうは建物配置を決めればシミュレーション中は変化しないので「静的」フロアフィールドといわれている。この2種類のフロアフィールドを利用したモデルがフロアフィールドモデルだ。

このモデルを用いると、計算機シミュレーションを極めて高速に行うことができる。なぜなら、他人がどこにいるかを毎時間ステップでいちいち遠方まで探索したりする必要もなく、また出口方向の大がかりな探索も必要ないからだ。周囲の数セルの情報だけで、より広い範囲の情報が得られるのがフロアフィールドモデルの核心部分だといってよい。別のいい方をすれば、周囲の人を見るなどの遠距離的な相互作用を、フロアの「記憶」を媒介にして短距離で行っているというモデルだ。

同じ場所に人が進もうとする競合の処理は極めて重要な要素

もう一つ考えなくてはならない重要な問題がある。モデルでは毎時間ステップごとにフロアにいる人を同時に動かすため、同じセルに同時に人が進もうとする「競合」が起こることだ。モデルでは、2人以上が同時にあるセルに進もうとするとき、ある確率Pで全員そのセルに移動できないとするか、あるいは確率$1-P$で誰か1人ランダムに選んでそのセルに動く、と決める。

この確率*P*の値が大きいときは、人どうしの摩擦が大きくて誰も動けない、というイメージだ。これは超満員電車でドアが空いても誰も出られないような状況を意味していて、この確率*P*によって、どれだけ皆が同じ方向に行こうとして譲らないかを表している。確率*P*が小さければお互い譲歩するため、だれか1人は目的のセルに移動できることになる。つまり、この確率*P*によって人々が競争状態にあるのか、それとも協力状態にあるのかを表すことができるのだ。この競争か協力かというのは実際の避難行動を考える際に極めて重要な要素で、フロアフィールドモデルではそれが自然に、かつ簡単に表現できている。

1セルの実際の大きさは、人が1人入れるスペースということで、このモデルでは一辺50センチメートルの正方形とする。そして人が自由に前に進むときの速さは秒速約1・5メートルなので、1時間ステップで最大1セル進むことができる

図3-11　競合の処理は極めて重要

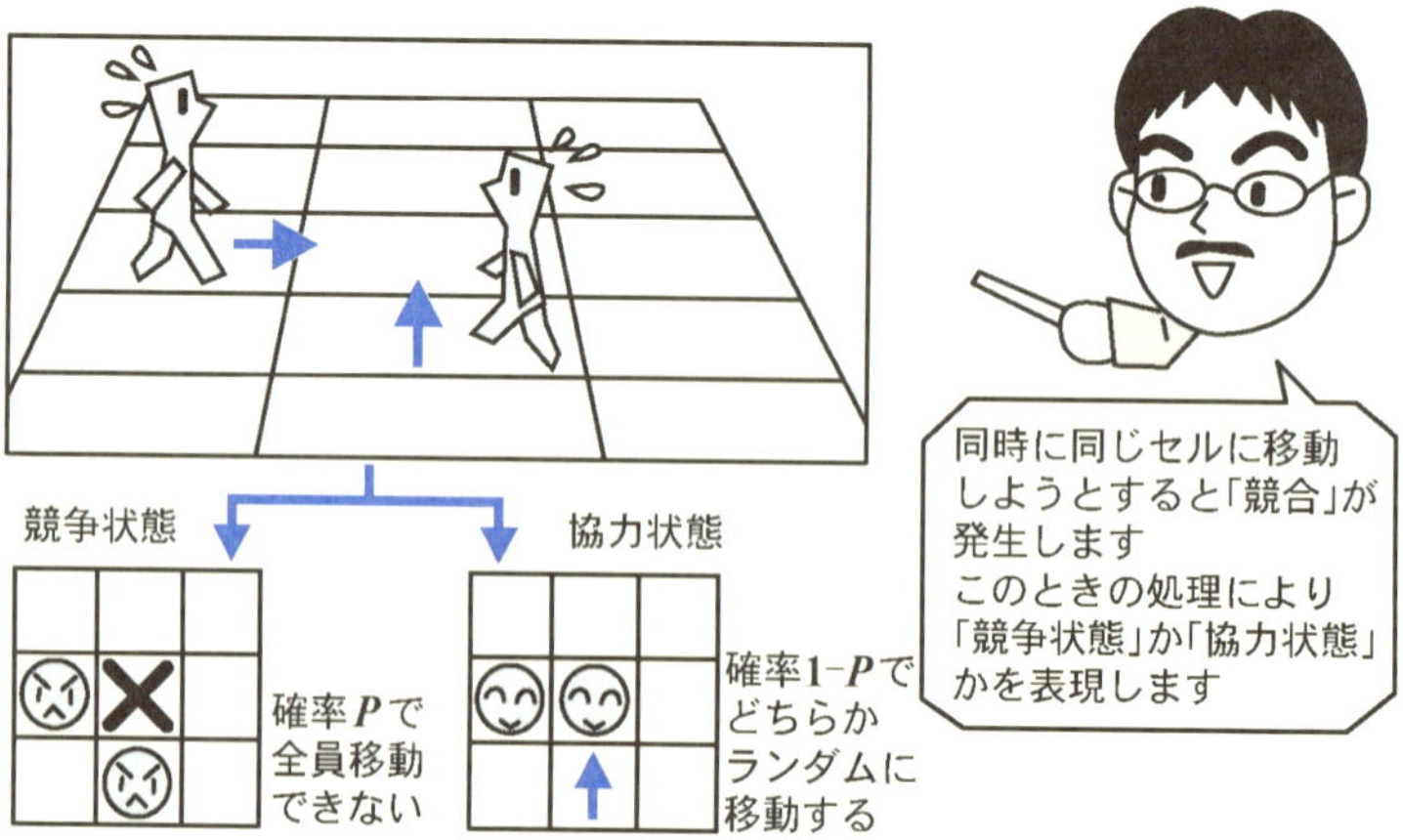

競争状態
協力状態
確率*P*で
全員移動
できない
確率1−*P*で
どちらか
ランダムに
移動する
同時に同じセルに移動しようとすると「競合」が発生します
このときの処理により「競争状態」か「協力状態」かを表現します

ことより、モデルでの1時間ステップは実際の1／3＝0・33秒に相当すると考える。

パニック度という量の定義

最後に「パニック」というものの定義をきちんと定めたい。パニックとは「恐怖などで極度に混乱した状態」のことであり、社会心理学でもいろいろと学者によって定義が異なるが、「理科系」的には計算可能な量でなくては研究にならない。したがって、新たに「パニック度」という量を定義する。それは、

動的フロアフィールドと静的フロアフィールドを参照する強さの比

とする。つまり冷静な時の行動は、人はちゃんと出口の方に向かうので、静的フロアフィールドの情報をより重要視する。また逆にパニック時は知力が低下し人に追従する傾向があるので、動的フロアフィールドをより高い比率で参照する。その結果、冷静なときは他人に振り回されずに出口に向かうが、パニック度が高くなればなるほど足跡の数の多いほうに向かい、出口の方に進めなくなる。

こうして最短距離の情報と足跡の情報の、どちらに重きをおいて参照しながら行動するか、という比がこの研究におけるパニック度であり、これはきちんと計算可能な

量になっている。たとえばパニック度が2というのは、最短距離情報より他人の情報に2倍強く振り回されていることを意味している。

以上がフロアフィールドモデルの概要だ。そしてこのモデルは提案されてから今日まで約7年が経過しているが、その間にさまざまな検証が進み、実験との比較によりいろいろな改良が加えられ信頼性の高いものになってきている。

実はこのモデル以外にも、商用ベースになっているものも含めて、人の動きをシミュレーションするソフトウエアは世界中にいくつか存在する。しかしその正当性の検証が十分でないものが多く存在するのは残念だ。ドイツの研究者のグループが代表的なモデルをいくつか検証してみたのだが、アニメのように人の動きがリアルなだけで、まったく観測事実を再現できないただの「ゲームソフト」のようなものが多かったという報告書がある。きちんと検証して、はじめて科学的なモデルとただのゲームの違いが出てくるのだ。今後は、実験データを蓄積し、モデルが満たすべき条件や、再現すべき渋滞現象の基準を作ることも渋滞学の重要な仕事だと考えている。

図3-12　パニック度は「足跡」と「距離」どちらに従うかで表現する

前方のつきあたりで
足跡の数に従うのか
最短距離情報に従うのか
によって、「パニック度」を
表します
3
4
5
5
6
7

3-4 人間行動のモデル化とシミュレーション

シミュレーションと実験の結果が示した意外な事実

それではフロアフィールドモデルを用いたシミュレーション結果について、興味深い例を2つばかり紹介しよう。

出口の幅と競争・協力の関係

はじめの例は、出口の幅と競争・協力の関係だ。部屋は50メートル四方の大きさの正方形に設定する。ここにある壁の中央に出口を1箇所だけ作り、はじめに100人を部屋の中にランダムに配置して、出口の幅をいろいろと変えながら全員退出するまでの時間を計った（下図）。そして、シミュレーションではパニック状態は低いとして、皆がなるべく最短距離で出口に向かうようにした。協力と競争には、前に説明した確率Pを用いる。

図3-13　シミュレーションに使われた部屋

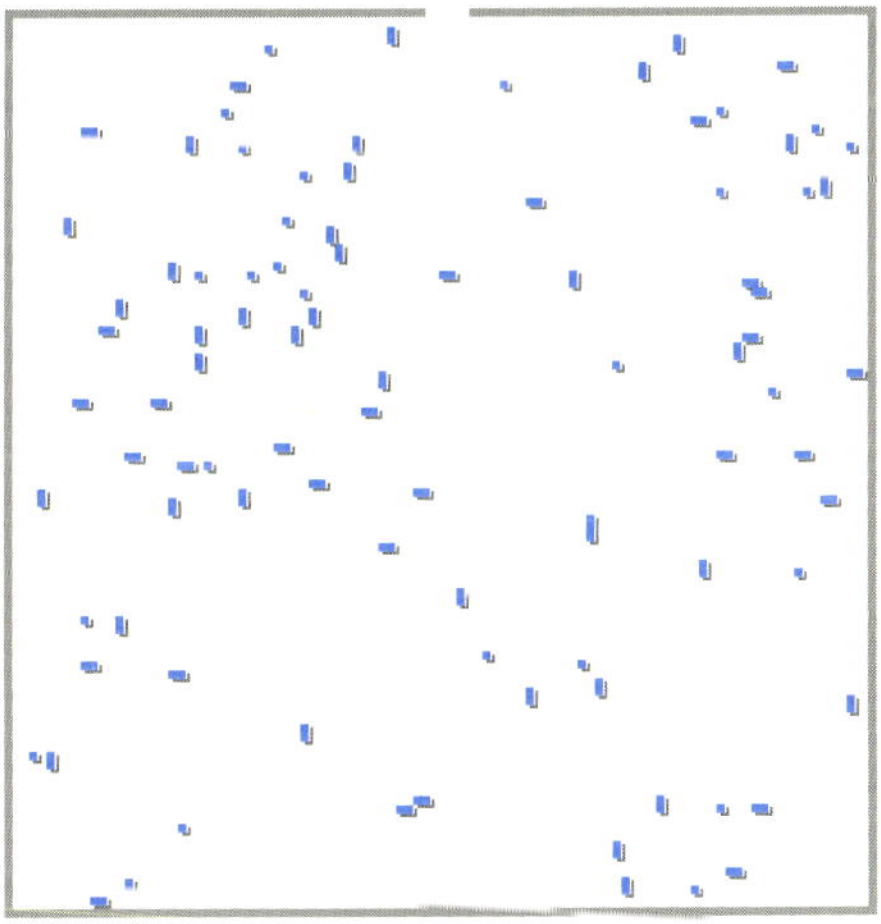

図3-14　競争状態／協力状態の違いによる総退出時間の変化

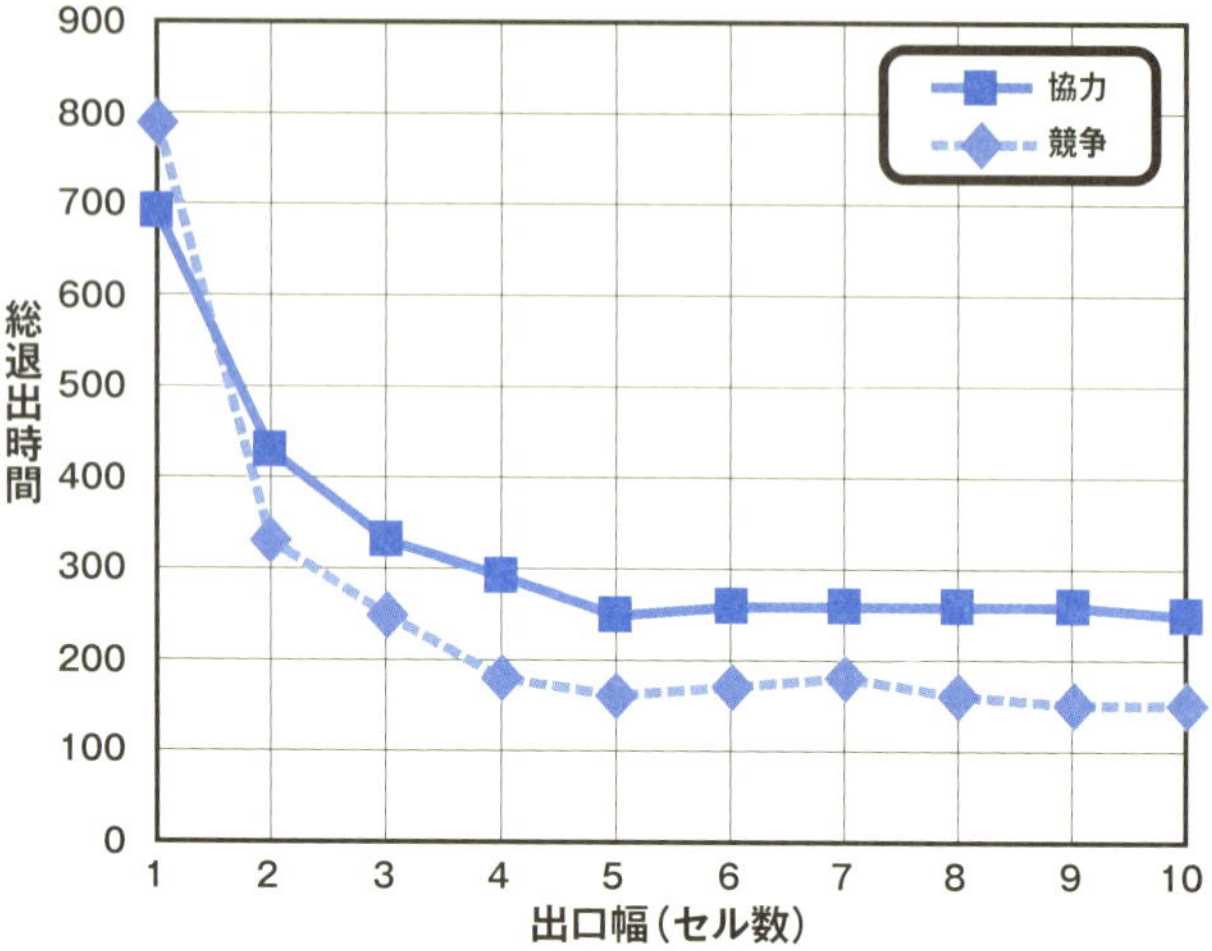

この値を1に近い0・9にしたものを競争、逆にゼロに近い0・1にしたものを協力とした。また競争は協力に比べてより出口に向かう気持ちが強いので、静的フロアフィールドを参照する強さを競争の場合はやや大きく設定する。以上の条件でシミュレーションした結果が図3・14だ。

これによれば出口幅が2セル分、つまり1メートルより狭い場合には、協力したほうが全員が出るまでの総時間は短くてすむが、出口幅がそれ以上広ければ、競争したほうが早く出ることができる。これはなぜだろうか。

それは、出口幅が狭いときに競争をしてしまうと、出口の前で満員電車から出られない状況と同じことが起こるため、流れが極めて悪くなってしまうからだ。

狭い出口から人が皆同時に出ようとしてつかえてしまうことをアーチアクションと呼んでいる。まさに人が皆でアーチ状に連なって動けなくなっている状態を表している。これは出口幅がある程度広ければ起こりにくいこともわかるだろう。アーチアクションが起こらなければ、競争しながら出たほうが早く退出し終わるのだ。

以上より、アーチアクションが起こるか起こらないかは出口の幅で決まり、それが退出時間を決定する重要な要因であることがわかった。東京の山手線や地下鉄などでも、最近は扉幅が通常より広いものがラッシュ時に運行されているが、これはアーチアクションを減らして乗り込みや退出をスムースにする効果がある。

図3-15　狭い出口に人が殺到すると「アーチアクション」が起こる

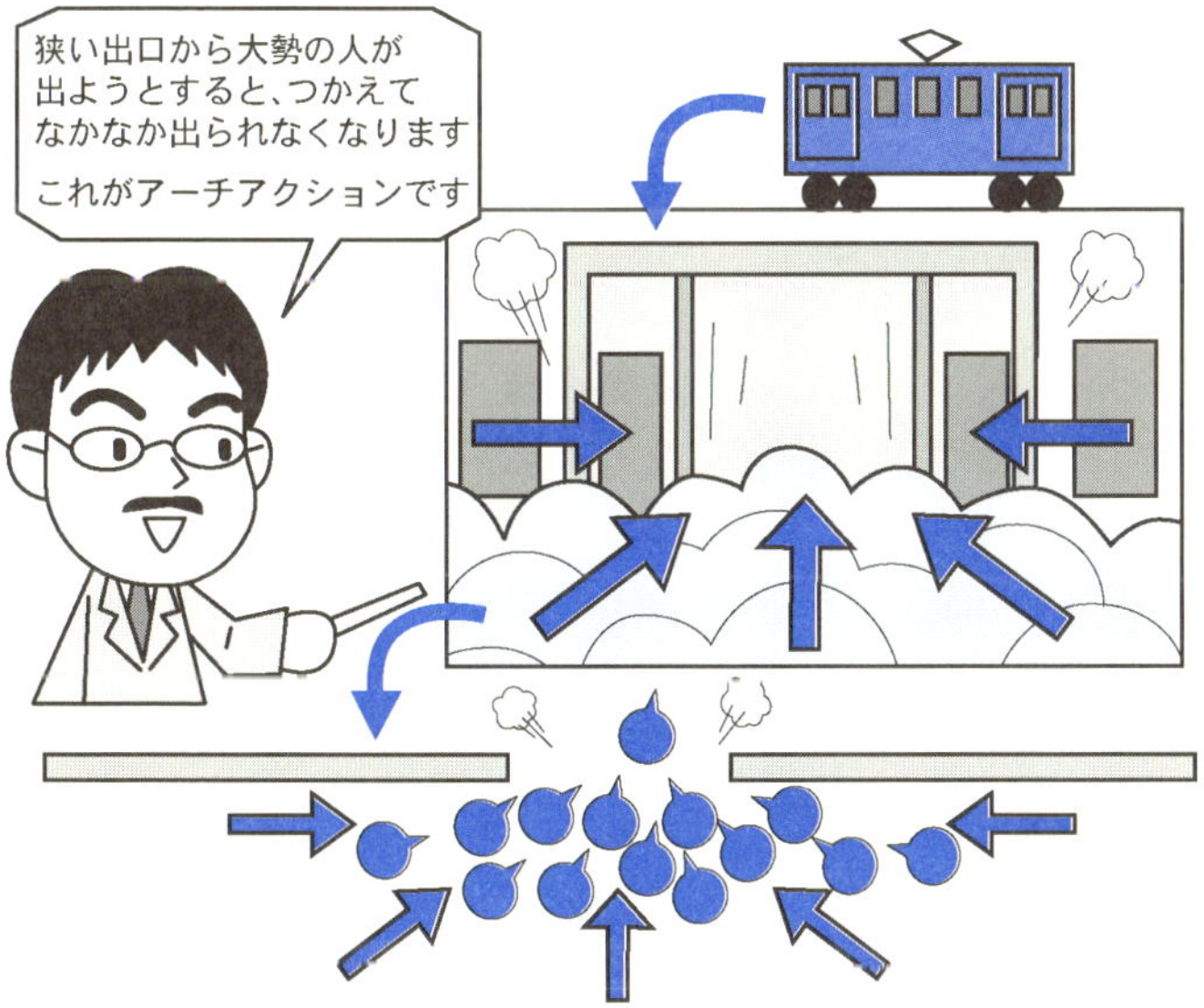
狭い出口から大勢の人が
出ようとすると、つかえて
なかなか出られなくなります
これがアーチアクションです

またアーチアクションをなくす他の方法として、実は出口の近くに手すりや小さな柱を置くのも効果的なのだ。一般にはこれらは障害物となってしまい、逆に流れが悪くなりそうだ。しかしあまり邪魔にならないように出口付近にうまく置けば、かえって流れがよくなる場合もあるのだ。これは柱や手すりが人の圧力をうまく支えて吸収してくれる効果や、また人の集中した流れを分割してくれるためだと考えられている。

実は筆者が日本テレビの「世界一受けたい授業!」という番組に出演したときに、以上の競争と協力の結果を実際に確かめることができたのだ。担当のディレクターがこの理論結果を番組で取り上げてくれて、「実際に実験をやってみましょう」ということになった。この実験の様子は、番組をご覧になった方もいらっしゃるかもしれないが、おおまかには以下のとおりだ。

日本テレビの建物のある部屋に、エキストラを50人集めて実験を多数回繰り返した。出口幅は50センチメートルくらいから1メートル以上まで変えられるように板をうまくセットし、は

アーチアクションを解消するには、あまり邪魔にならないように、手すりや小さな柱を設置するのも効果的です

じめに出口の数メートル手前のところに皆さんに集まってもらい、そこから笛を吹いて退出実験をスタートした。実験では、競争と協力についてディレクターがうまく言葉で指示し、協力モードのときはお互いの譲歩を優先する行動をとらせ、また競争モードのときは緊迫感をあおるようなさまざまな演出をした。

同じ出口幅で10回ずつ繰り返し実験を行い、総退出時間の平均を測定した結果、出口幅が55センチメートルと狭い場合には、競争モードで脱出させると人がアーチ状に出口に殺到する様子がモニターで確認できた。また協力モードのときは行儀よく並びながら集まり、アーチアクションはほとんど見られなかった。そしてこのときの競争モードでの全員の退出時間は平均22秒で、協力しながら脱出したときに比べて約1・75秒長くなった。次に出口幅を90センチメートルと広くした場合、逆に競争したほうが2秒早く全員が退出することができたのだ。

このように実験においてもシミュレーションと同様な結果を得ることに成功した。実験では2秒くらいの差だが、人の数が多くなればこの時間差はもっと拡大するだろう。したがって避難安全を考えるうえでこの知識は大変重要だと考えている。

パニック度が増すと避難時間はどう変わる？

次に紹介する例は、パニック度の避難時間に与える影響を調べた研究だ。単純に考えると、皆が冷静になってまっすぐ出口に向かうのが一番避難時間が短くなってよいと思われるが、はたしてそうだろうか。

部屋は同じく単純な正方形で、32メートル四方の大きさにした。出口は壁の中央に1つだけあり、その幅は人が1人通過できるだけの50センチメートルの広さとする。そこに1110人もの大勢の人をはじめに部屋の中にランダムに配置させてシミュレーションしてみた（下図）。これは部屋面積の約30%を占める高い人口密度で、しかも狭い出口からの退出なのでパニックになれば相当危険な状況だ。

これは非現実的な設定かもしれないが、地震や火災で大勢の人が半壊の建物に閉じ込められたときにはこのような状況が起こらないとも限らない。コンピュータは極端な状況でも

図3-16　シミュレーションに使われた部屋

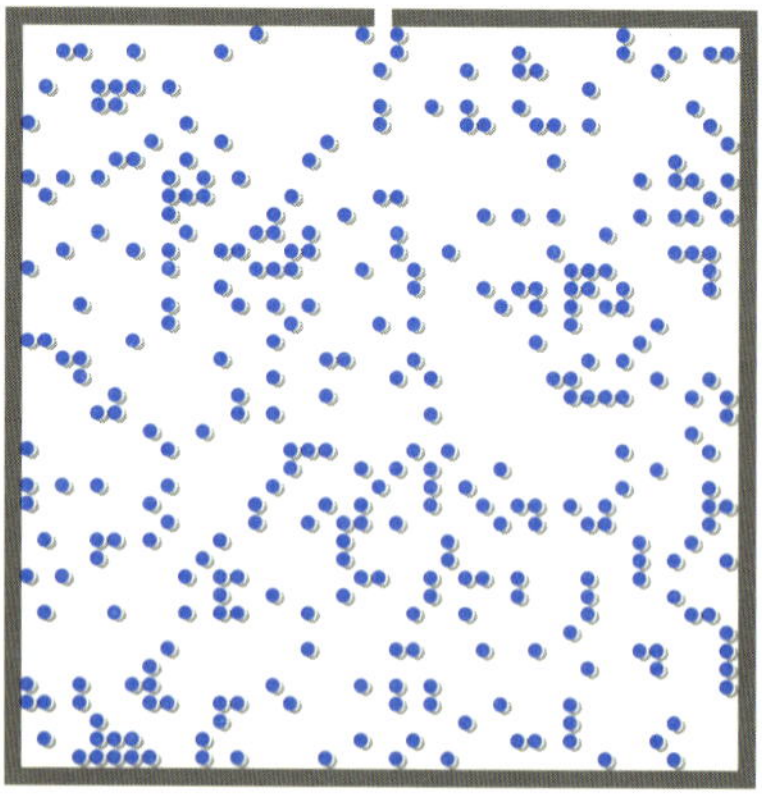

簡単に計算できるのが利点だ。

　シミュレーションでは、静的フロアフィールドを参照する強さを一定にして、動的フロアフィールドを参照する強さをゼロから徐々に大きくすることでパニック度を上げていった。その結果が図3‐17だ。横軸がパニック度で、縦軸は全員が退出終了する時間ステップ数だ。

　これによれば、パニック度がゼロの状態よりも、少しパニック度があるときのほうが、わずかながら全員が早く出ることができる、という興味深い結果になっていることがわかる。計算は500回も同じ条件で繰り返し行い、いつもパニック度が1くらいが一番速いという結果になった。また、部屋の設定や人口密度をいくつか変えてもこのような傾向が見られることも確認した。つまり、皆がいっせいに出口に向かうと、逆に出口で詰まってしまい流れが悪くなる。まさにアーチアクションが起こりやすくなるのだ。そのため、少しウロウロしている人がいたほうが集団がバラけて出口の殺到が緩和さ

図3-17　パニック度を変えたときの総退出時間の変化

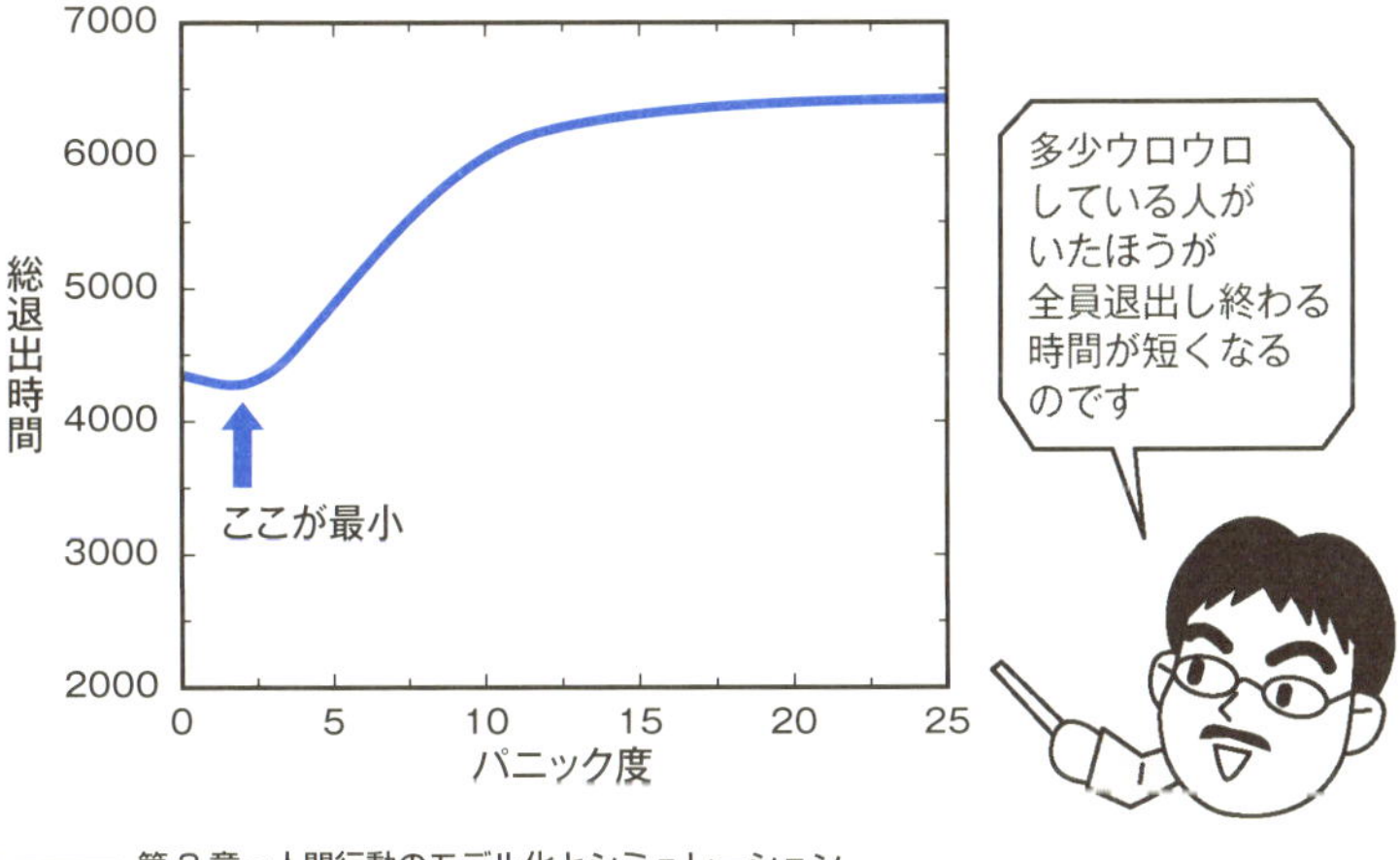

れるので、人が流れやすくなる。そしてウロウロしている人がさらに多くなると逆に出口への集まりが遅れて、再び結果が悪くなる。つまり少しくらい「遊び」があったほうが避難効率がよくなるのだ。

このような結果は、アリなどの昆虫でも見られる。もし巣にいるアリがすべて餌場と巣をまじめに行き来しているだけだと、餌がなくなるとまた新しく餌場を探しに行かなくてはならない。これはパニック度がゼロの状況に対応している。しかし、巣と餌場を結ぶラインから逸脱するアリが少しいたとしよう。彼らはまっすぐ歩くのではなく、フラフラといろいろな場所をさまよいながら歩いている。傍から見るとサボっているように見えるが、彼らのうち何匹かはフラフラ歩いているおかげで別の餌場を偶然見つけるかもしれない。そうなると、結果的に、真面目な集団よりも効率よく餌を得ることができるのだ。つまり多少のパニック度の存在はプラスに働くという実例だ。もちろんサボるのが多すぎてもダメで、やはり適当なサボり割合というのが存在する。多少サボったものがいたほうが全体の効率がよくなる、というのはもしかしたら人間社会にもあてはまる例があるかもしれない。

避難に関連して2つの計算結果を見てきたが、こういう知識を地道に積み上げることで、渋滞学はこれから新しい視点で私たちの安全に貢献できるのではないかと思う。

第4章

日常に見る いろいろな渋滞

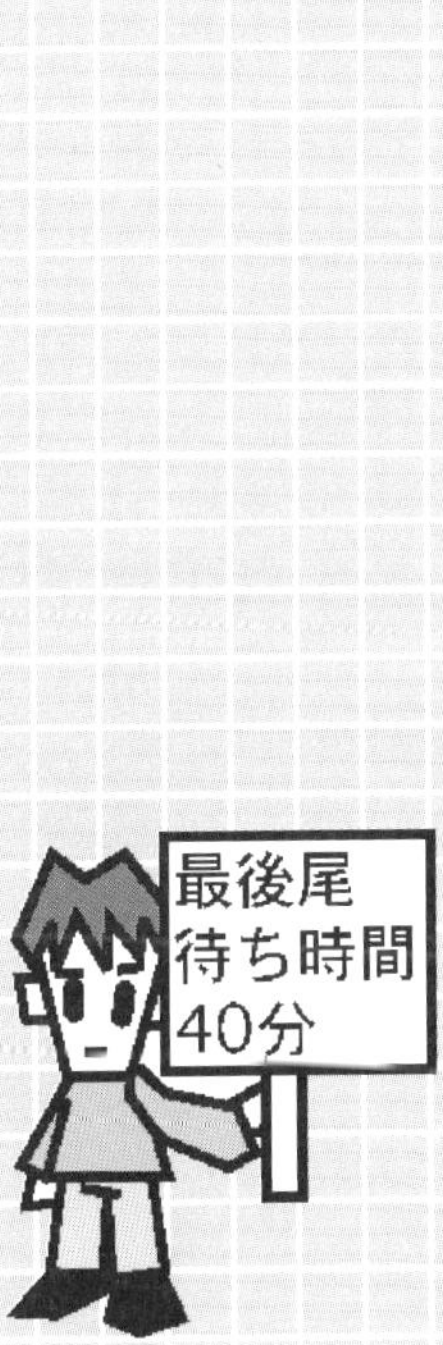

4-1 日常に見るいろいろな渋滞

スーパーのレジでどれくらい待つかの古典的予測

日常でよく目にしたり巻き込まれたりする渋滞といえば、何といっても待ち行列が挙げられるだろう。店のレジで並び、銀行のATMで並び、駅で切符を買うときにまた並び、といった具合に、外出していると必ず一度は並んで待つという体験をしているのではないだろうか。人が次々に来て行列ができているときに、その様子をおおまかにとらえることのできる興味深い法則を紹介しよう。「リトルの公式」*だ。

待ち時間は、列の末尾に人が加わる増加の度合いでわかる

リトルの公式は、自分の待ち時間、つまり行列の最後尾に並び始めてからサービスを受けるまでの時間を予測する式なので、覚えておくとたいへん便利だ。この公式は、「待ち時間は、行列の総人数を、1分間に新しく来る客の人数で割ったもの」という、ちょっと不思議なものだ。式の形で書くと

待ち時間（分）＝（行列の総人数）÷（1分間の到着人数）

＊リトルの公式
アメリカのマサチューセッツ工科大学のジョン＝リトル教授が1961年に証明した公式。かなり広い状況下において成り立つことが知られており、オペレーションズリサーチという研究分野の最も重要な公式の一つだ。

となる。たとえば、いつも20人くらい待っている窓口で、1分間に新たに平均2人来るとすると、待ち時間は20割る2で、10分ということになる。

この公式の不思議さをひとことでいうなら、待ち時間が自分の「後ろ」に来る人の頻度だけで決まってしまうような気がすることだ。待ち時間は普通、自分より「前」に並んでいる人の手続きの早さで決まるはずなのに、どうして後ろに次々と来る人数が関係しているのだろうか、という疑問が生じてくる。

これを理解する鍵になるのが、この公式が導かれるときに使われた仮定だ。公式とはいつでも成り立つわけではなく、いくつかの仮定のもとで成立している、ということを肝に銘じておかなくてはならない。リトルの公式を導くときの仮定として重要なものを、ここでは2つ挙げて説明しよう。

図4-1　待ち時間を求める「リトルの公式」

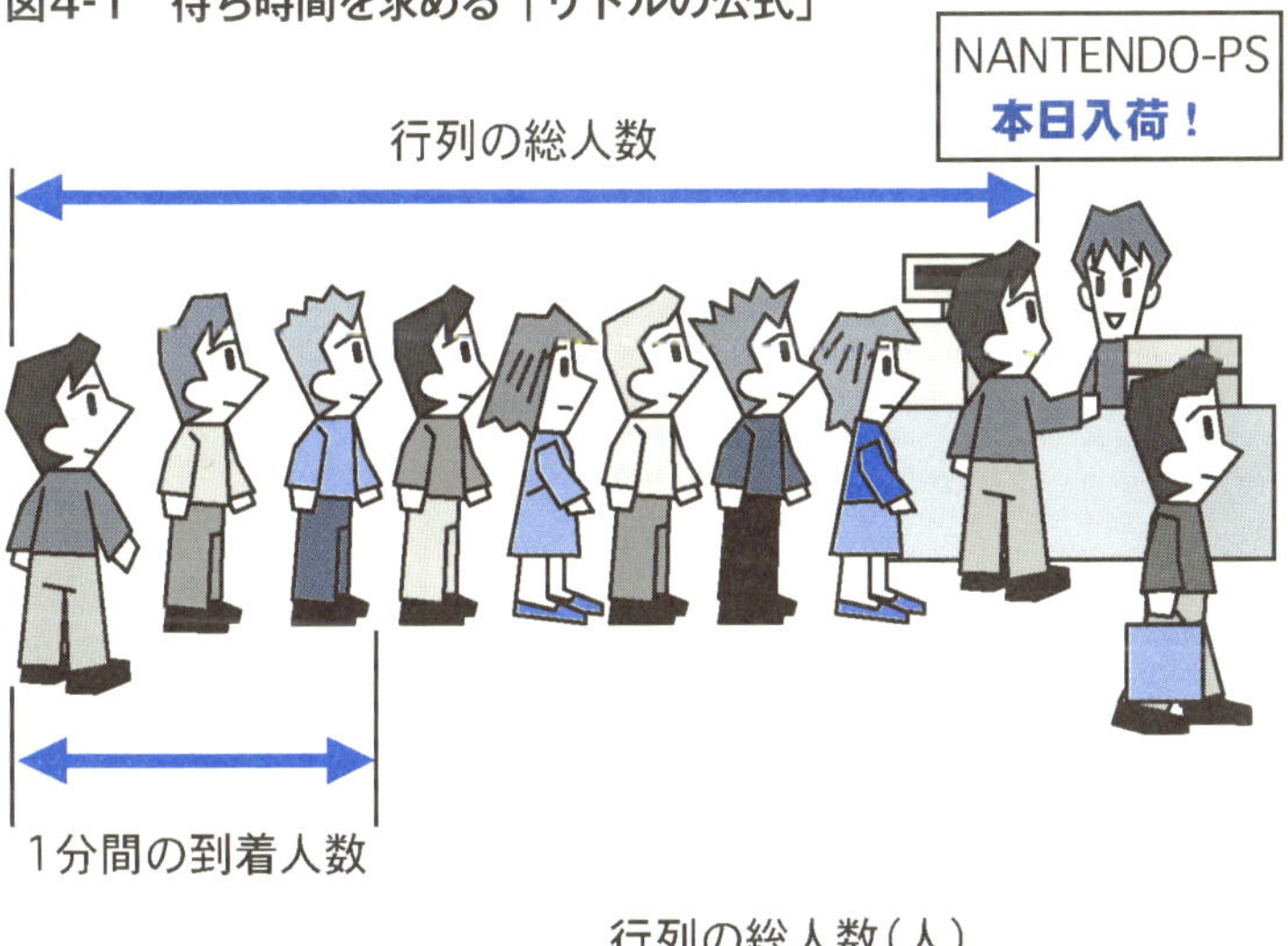

$$\text{待ち時間(分)} = \frac{\text{行列の総人数(人)}}{\text{1分間の到着人数(人/分)}}$$

①定常状態の仮定

　定常状態とは、時間が経過しても変化が見られないような状態のことをいう。たとえば家の食器棚は普通いつも同じ位置にあるが、読みかけの本は持ち歩いているためいろいろな場所に移動する。このとき、位置に関して食器棚は定常状態にあるが、本は「非」定常状態であるという。また大きな川の流れはいつも同じように流れているように見えるので、これも定常状態であるという。行列の場合、いつでもその長さがほぼ同じになっていれば、中で待っている人は入れ替わっていても長さに関しては定常状態にある。このように、いつまでたっても行列の総人数が増えも減りもしない、という仮定がリトルの公式には入っている。

　実はこれはかなり強い仮定で、厳密にいえば実際には成り立たないようなことも多い。総人数が変わらない、ということは、簡単にいえばサービスを終えて退

図4-2　リトルの公式の仮定①定常状態

定常状態とは、時間が立っても
列の長さが変わらないこと
つまり、列に人が増えた分
購入を終えて列から去って
いきます
NANTENDO-PS
本日入荷！
平均的に見て、単位時間ごとに出入りする人の数は同じ

出した人の分だけ新しく人が来るため、結果として人数が変わらないということだ。それなら、自分より前の人がどれだけサービス手続きを早く行って退出したかは、新しく来る人を見ればよいという逆転の発想で考えることができる。これが不思議さのからくりで、行列長が一定であるという定常状態の仮定がなくてはこの考えが成り立たないのは納得できるだろう。

②前の人との間をすぐに詰めるという仮定

　古くから研究されている待ち行列の成果として、最も有名なのがこのリトルの公式だ。しかし第2章でも書いたとおり、待ち行列理論では人が動くときの「ゾロゾロ」感が入っていない。そのため、行列の前が空くと速やかに詰める、という仮定が入っている。したがってちょっとよそ見をしていたり、仲間とおしゃべりをしていてなかなか前に詰めない、という振る舞いがあると公式は成り立たなくなる。ATMでの行列で

図4-3　リトルの公式の仮定②前が空いたらすぐ詰める

前が空いたらよそ見をしないで
すぐ詰める！というのが前提です
NANTENDO-PS
本日入荷！
前が空いたらすぐ詰める
古くからある「待ち行列理論」には
人がゾロゾロ動く感じがまだ取り入れられていない

はこのように前が空いても詰めない人はあまり見たことはないが、子供連れの客が家族で団体行動をしていたり、携帯電話に夢中になっている人が並んでいたりすると、リトルの公式とずれてくる。この場合は、第2章のセルオートマトンによる0と1の単純モデルなどを使って渋滞学的にきちんと考えなくてはならない。

リトルの公式の直感的な説明

以上の2つの仮定のもとではリトルの公式は十分精度よく成り立つことが数学的にきちんと示されている。この式自体の直感的な説明を付け加えておこう。行列の総人数について公式を書き直すと

行列の総人数 ＝ （待ち時間）×（1分間の到着人数）

と書けるが、これは、定常状態の仮定のため、自分が待っている間に人がどんどん来て、自分がやっとサービスを受けられるときには自分の後ろにまた同じ数の人が並んでいた、という意味になる。つまり、並んでいた時間に、1分間あたりの到着人数をかければ行列の長さになるという式で、そう考えると極めて自然な公式であることが理解できるだろう。

4-2 日常に見るいろいろな渋滞

解明すると見えてくるフォーク待ちの長所と死角

フォーク待ちは銀行のＡＴＭの前などで見られる待ち方

行列の話でいつも問題になるのが、列が複数あるとき、どの列に並べば早く自分の番が来るのか、ということだ。いくつかある店のレジでも、早く進む列もあれば時間がかかる列もある。客の立場からすれば、本来ならばこのような不公平はあってはならないことだ。早く来た順にサービスを受けられる原則をＦＩＦＯ＊（First In, First Out）という。これが守られないと利用客のストレスは一気に増大してしまう。

したがって最近ではＦＩＦＯを守り、そしてどの列でも同じサービスになるように、フォーク待ちというものが採用されている場合が多くなってきた。これは、人が並び始める場所から、複数あるサービス窓口まで一列で並び、サービス直前で各窓口の空いているところに分かれるというシステムだ（図４－４）。

名前の由来は想像どおりで、フォークの形状のように1本の柄の部分から先端でいくつかに分かれるような並び方であることから、この名前がついた。銀行のＡＴＭや

＊ FIFO
来た順に処理をしていくことで、FCFS（first-come, first-served）ともいわれる。

図4-4　フォーク待ちと並列待ちの違い

①フォーク待ち
ATMコーナー
お客は1列に並んで待ち、
窓口のどこかが空いたら、
列の先頭の人がそこに進む
②並列待ち
切符売り場
お客は各窓口の前に
あらかじめ分かれて
並んで待つ

空港のチェックインカウンターなどでよく見られるので、ご存じの方も多いだろう。また銀行の窓口なども、整理券を発行して、空いた窓口に番号順に呼ばれるが、これも一種のフォーク待ちだ。客自身がどの窓口にするかをはじめに賭けのように選択するのではなく、とにかく早く来た順に空いている窓口に行くことができる、という公平なシステムだ。こうすれば、どの列に並ぶか迷うことはなく、また他の列が流れて自分の列が流れないという渋滞ストレスもなくなる。

よいことだらけに感じるフォーク待ちは、実際どれだけよいのか、問題点はないのか見てみよう。

客の満足度は「待たない確率」と「待ち時間の比」で決まる

窓口の数が3として、フォーク待ちにする場合と、そうしない並列待ちを比較してみよう。この際に重要になるのが、客の満足度（Customer Satisfaction、略してCS）だ。CSの評価はいろいろ考えられるが、ここでは次の2つについて調べてみる。

①新しく来た客が待たない確率

客はすぐに窓口でサービスを受けたいので、少しでも待たされるとCSは低下する。まったく待たずにサービスを受けられる確率を調べれば、それはCSの高さを計る大きな指標になる。

②サービス時間に対する、待ち時間の比

実際は客はある程度待つことを覚悟して来ている場合が多い。そして問題になるのは、待ち時間そのものというよりは、サービス時間に対する待ち時間の比なのだ。

行列のできるレストラン
長く待ってもおいしい食事の時間が長ければ大満足!!
イイ！

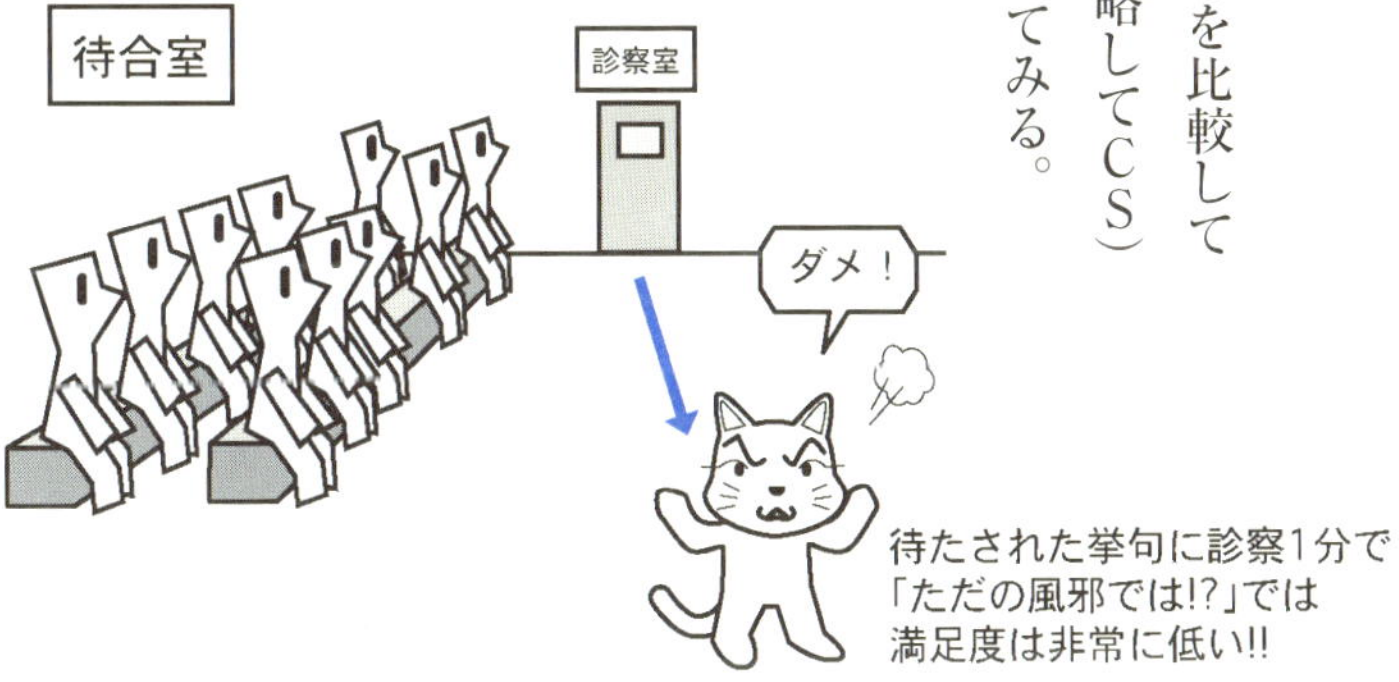
待合室
診察室
ダメ！
待たされた挙句に診察1分で「ただの風邪では!?」では満足度は非常に低い!!

よく病院で、1時間待って5分の診療、などという言葉を聞くが、サービス時間が短いにもかかわらずそれに比べて長い間待たされるとCSはかなり低下する。

これに比べて、サービス時間が1時間のときに1時間待たされるのは、同じ1時間待ちでもCSの低下はさほどではない。したがってこの比が小さいほどCSが高くなると考えられる。ただしこの場合、もちろんサービス時間を上げることでこの比を小さくしても意味がない。あくまでもサービス時間はどんな場合でもほぼ一定とみなしたうえで、待ち時間をこのサービス時間によって割り算して比を計算するのだ。

フォーク待ちのCSを実際に計算する

これから説明する計算は、渋滞学的にセルオートマトンモデルを用いたものではなく、待ち行列理論を用いた。したがって、先ほど書いた2つの仮定でのみ成り立つ結果なのだが、現実の問題を考えるのにはかなり参考になる。

計算の条件は次のとおりだ。

まず、サービス時間は窓口ごとにばらつきはあるが、その平均時間は1分と定めた。

そして人はデタラメに来るが、その頻度は平均して10分間に1人から、多いときで1

分間に1人まで変えた。ちなみにサービス時間が平均1分なので、人の来る頻度が1つの窓口につき1分間に1人より多くなると、サービスを終えて出ていく人よりも来る人のほうが多くなってしまい、行列の長さはどんどん長くなる。そのため、待ち行列理論の仮定がくずれてしまうので、人の来る頻度は1つの窓口あたり最大で1分に1人までとする。そして、フォーク待ちと並列待ちを同じ条件で考えるために、フォーク待ちのときは3本の列を1本の列に束ねることから、人の到着率を並列待ちのときの3倍とした。

以上のもとで計算した結果が次ページの図4-6だ。

図4-5　並列待ちとフォーク待ちの比較条件

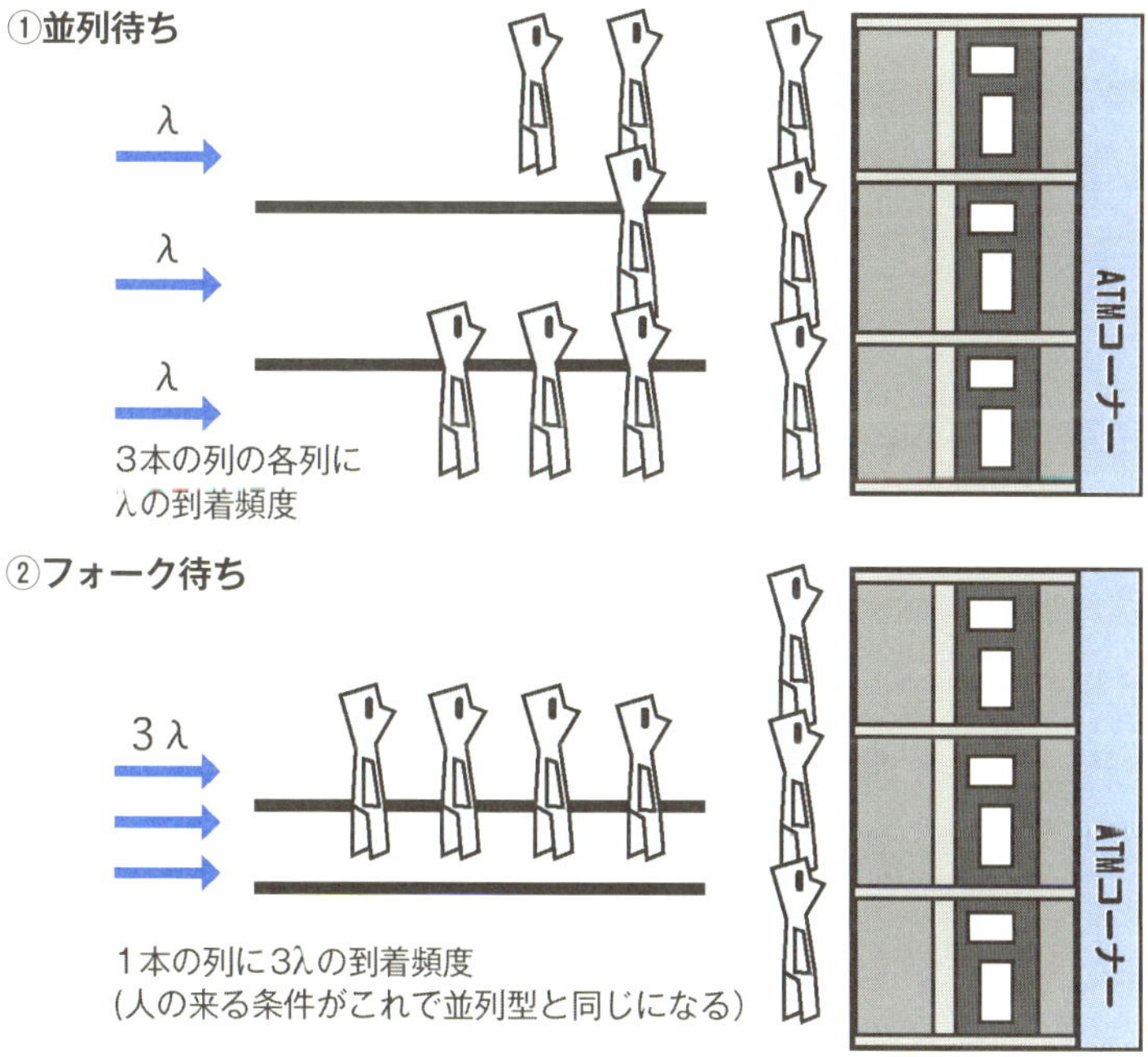

①並列待ち
λ
λ
λ
3本の列の各列にλの到着頻度
ATMコーナー
②フォーク待ち
3λ
1本の列に3λの到着頻度
(人の来る条件がこれで並列型と同じになる)
ATMコーナー

図4-6　フォーク待ちと並列待ちの比較結果

①待たない確率

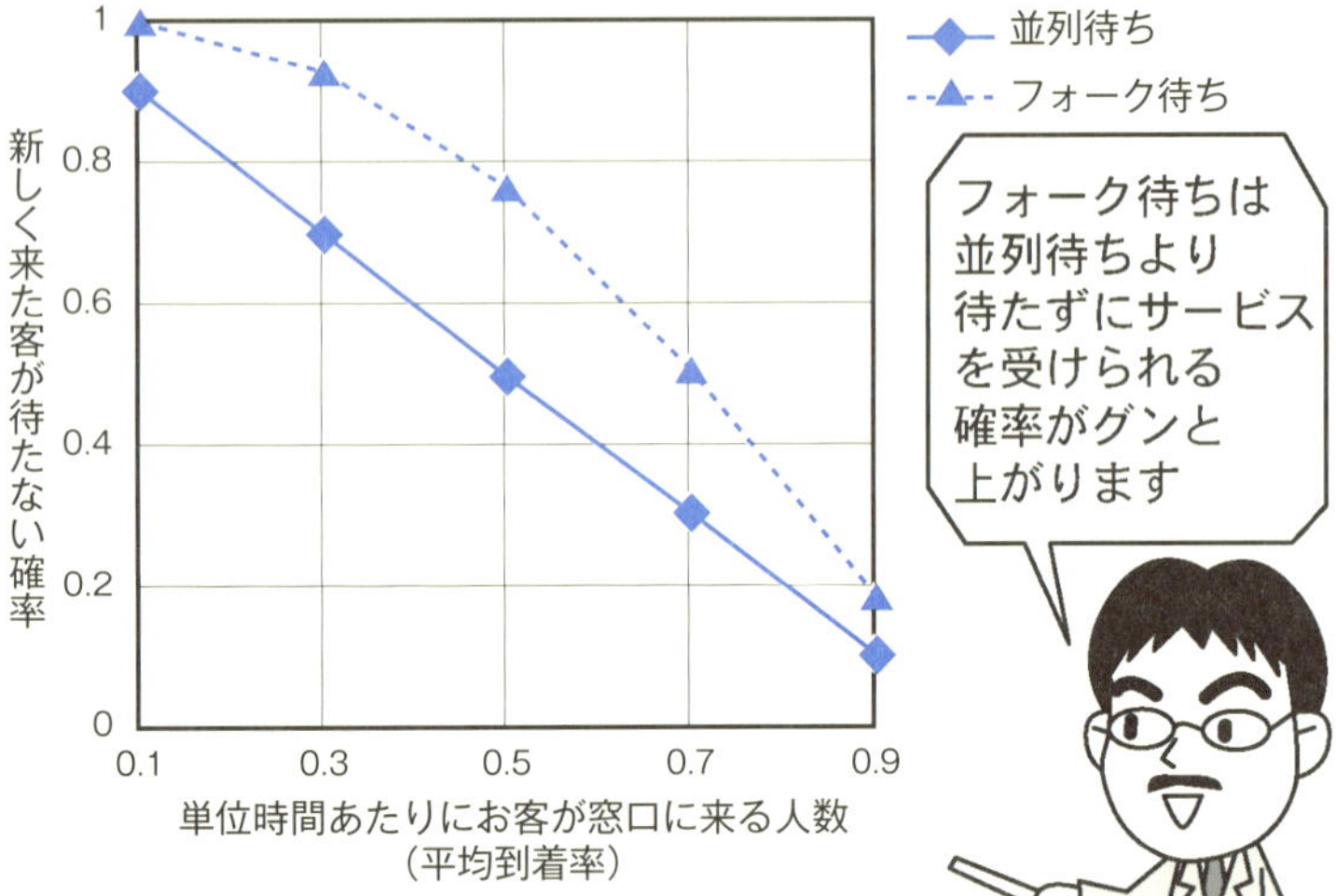
新しく来た客が待たない確率
1
0.8
0.6
0.4
0.2
0
0.1
0.3
0.5
0.7
0.9
単位時間あたりにお客が窓口に来る人数
(平均到着率)
並列待ち
フォーク待ち
フォーク待ちは
並列待ちより
待たずにサービス
を受けられる
確率がグンと
上がります

②サービス待ち時間比

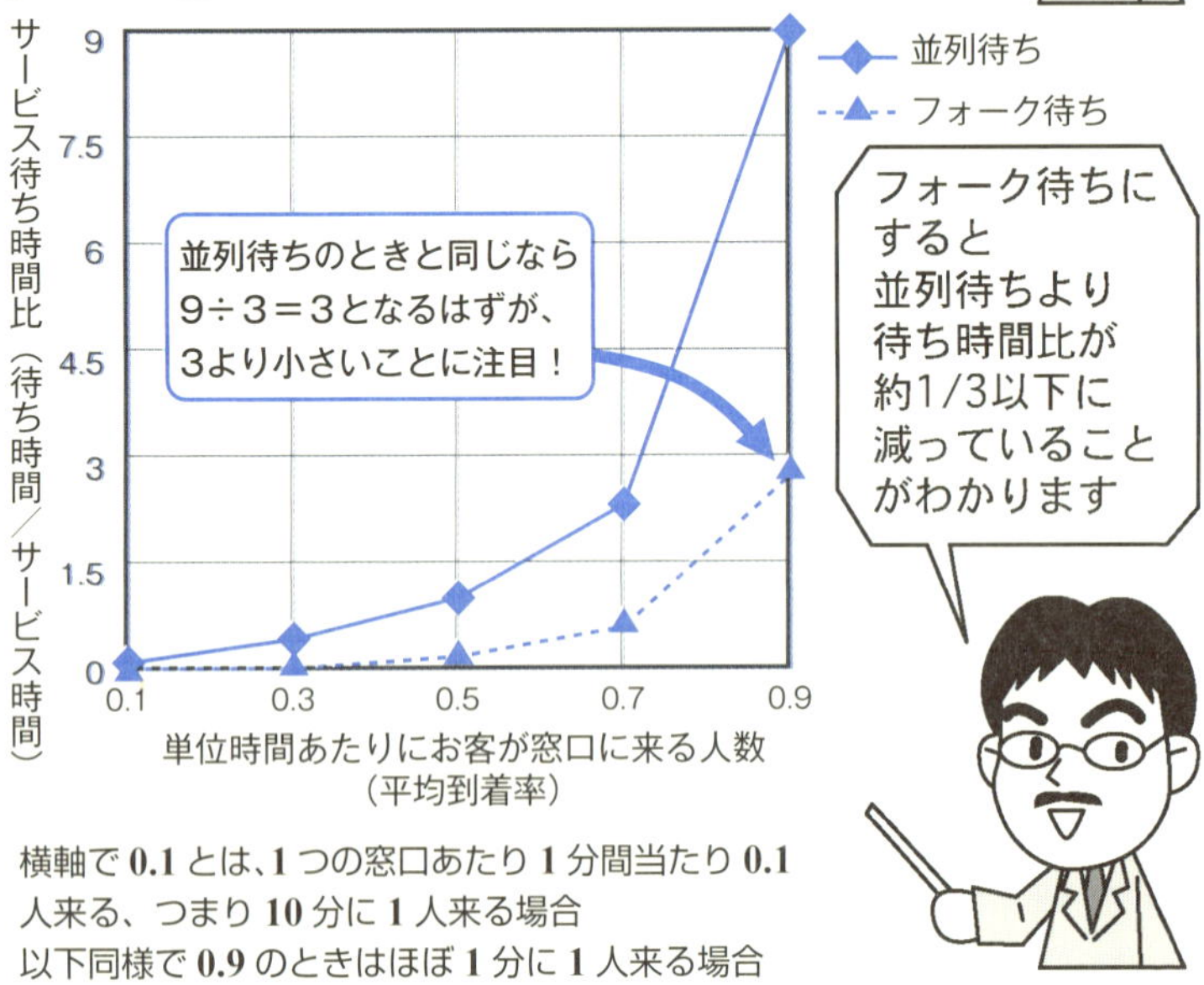
サービス待ち時間比（待ち時間／サービス時間）
9
7.5
6
4.5
3
1.5
0
0.1
0.3
0.5
0.7
0.9
単位時間あたりにお客が窓口に来る人数
(平均到着率)
並列待ちのときと同じなら
9÷3＝3となるはずが、
3より小さいことに注目！
並列待ち
フォーク待ち
フォーク待ちに
すると
並列待ちより
待ち時間比が
約1/3以下に
減っていること
がわかります

横軸で0.1とは、1つの窓口あたり1分間当たり0.1人来る、つまり10分に1人来る場合
以下同様で0.9のときはほぼ1分に1人来る場合

これによると、フォーク待ちにすると、CSは並列待ちに比べて、いずれの場合も上昇していることがわかる。とくにフォーク待ちにすると、サービス時間に対する待ち時間の比が3分の1以下に下がっていることに注目したい。

たとえば客が1分あたり0・9人とかなり頻繁に来ている状況では、フォーク待ちの場合のこの比の値は、並列待ちのときの9と比べ2・72にまで下がっている。つまり3つの窓口をまとめてフォーク待ちにすることで、大雑把にいえば待ち時間を3分の1以下に減らせたのだ。

フォーク待ちとは、このように束ねている窓口の数以上の効果を生む。窓口に別々に並ばせる並列待ちでは、たまたま空いているサービス窓口があっても列の間の人の移動があまりないために、何もしない窓口が発生して無駄が生じてしまう。しかしフォーク待ちにすればこのような無駄な事態は生じないため、その分の効果が表れ

て束ねた数以上の効果を生むのだ。

並列待ちの場合でも、ある窓口が空いていれば、そのとき列の先頭に並んでいる人は別の窓口に移動できる、とすると、これはフォーク待ちに近くなるが、まだ列による当たり外れは残っていることに注意しよう。つまり全体で見ると大原則であるＦＩＦＯが必ずしも守られていないのだ。また、しばしばあることだが、空いている窓口がある場合、行列の先頭の人ではなく、後ろの人がさっと別の窓口に移動してしまうと、周囲からかなりの反感を買ってしまうだろう。

フォーク待ちの問題点を検証する

このような結果だけを見ると、やはり来た順にきちんとフォーク待ちをすることがいかなる場合もよいことになるが、実はいくつか問題点もある。

まず、場所の問題だ。フォーク待ちをするということは、一列に並ばせて待たせるため、並ぶ場所がより長くなくてはならない。これを車の例で考えてみる。高速道路の料金所を思い浮かべよう。たくさんあるゲートに対して車にフォーク待ちをさせると、それだけ長い列が道路にできるため、料金所からの待ち行列の長さが長くなり、本線に悪影響を及ぼす。また複数車線に流れている車を一列に絞ることで渋滞を引き

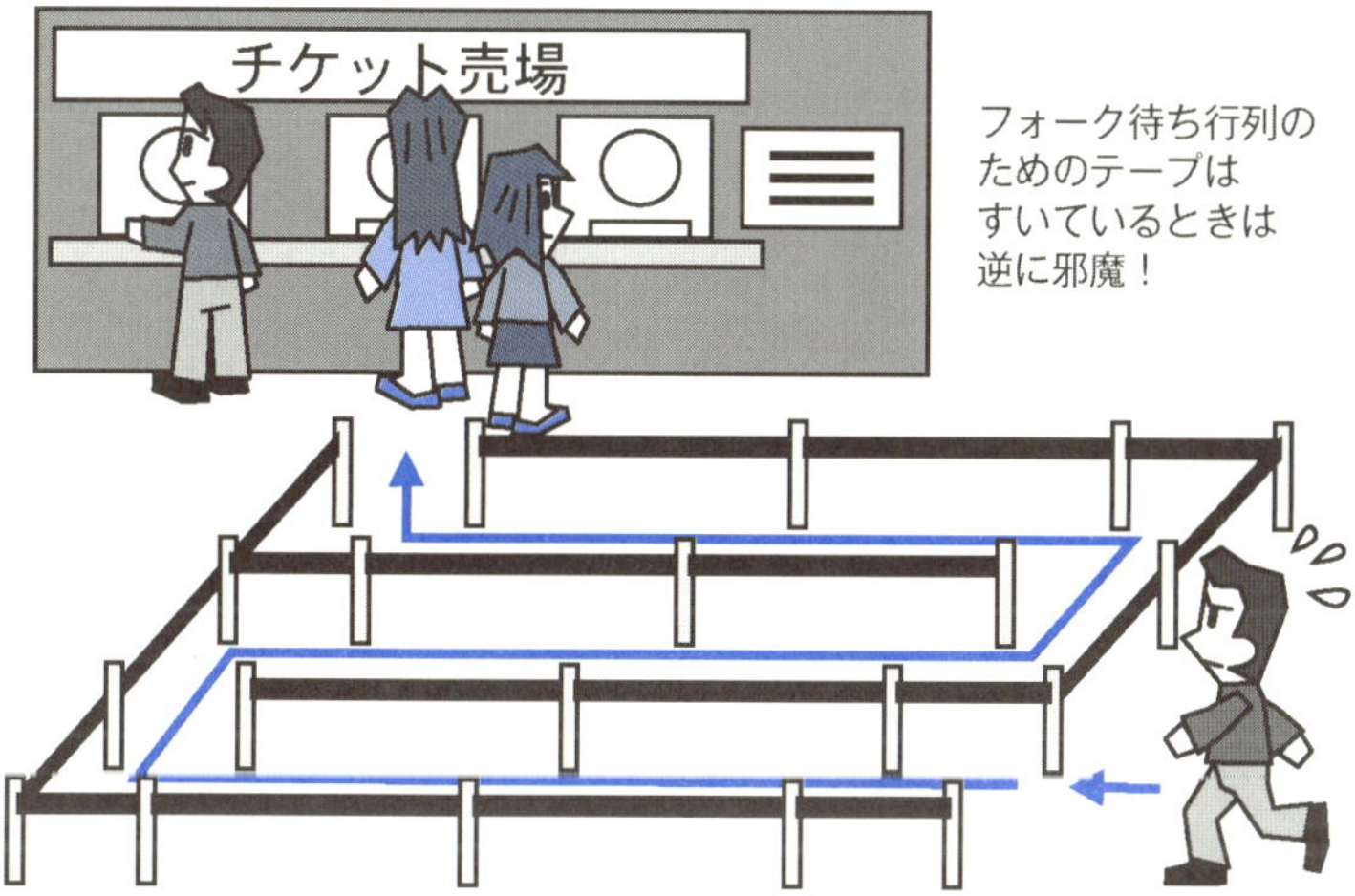

フォーク待ち行列のためのテープはすいているときは逆に邪魔！

起こしてしまうだろう。

室内のATMや空港のカウンターなどでは、テープを張って待ち行列を何回も折りたたんだように並ばせることで場所を確保している。このようにしてフォーク待ちをするのはよいのだが、逆にすいているときにはこのテープが邪魔で、まっすぐ歩けば数歩で窓口まで行けるのにジグザグ歩いて遠回りしなくてはならない。

これを解決するためには、混雑度に応じてテープの位置をこまめに調整しなくてはならなくなる。ディズニーランドのアトラクションの待ち行列では、このテープ（鎖）をジグザグに張ってかなり入り組んだ形にしているが、すいてくると係員が鎖をうまく架け替えてあまりジグザグにならないように配慮している。

このスペースの問題は、銀行窓口などで使われている整理券方式で解決できる場合も多い。これは、まず整理券を取ることで自分の順番が確保されるため、どこで待っていてもよい。そのためジグザク並びを回避できるが、この方式はサービス時間が極端に短い場合はおおげさすぎるため、導入のメリットはあまりない。

一般に、サービス時間が極めて短いときは、フォーク待ちにする必要はないといえる。その理由は、まず待ち時間の改善率が低くなることが挙げられる。さらにフォーク待ちにして行列が長くなっていくと、自己駆動粒子特有の「ゾロゾロ」動きが効いてきて、先頭からどんどん窓口に行くのに対して、行列をすぐに詰めることが困難になるからだ。

運動会などで経験したことのある人も多いと思うが、人の多い長い行進になると、後ろのほうの人の動きはかなり乱れてしまう。よって動きが速い場合は長い行列はあまり適当ではない。この現象は、第2章で述べた人の音波とも関係しているため、現在渋滞学を用いた詳細な研究が進んでいる。

フォーク待ちの別の問題点は、窓口がかなりたくさんあるときに、1つのフォークの枝分かれの場所から、利用できる窓口までかなりの距離を歩かなくてはならなくなる点だ。そして、どこの窓口が空いたのかを知らせるシステムや係員も必要になるだろう。こういった場合はいくつかの小さいフォーク待ちに分けることで、移動距離を小さくして効率を上げることが可能だ。

こういった待ち行列の問題にセルオートマトンを用いた渋滞学的な研究は極めて新しく、効率のよい方法についてのシミュレーションや実験が進んでいる。

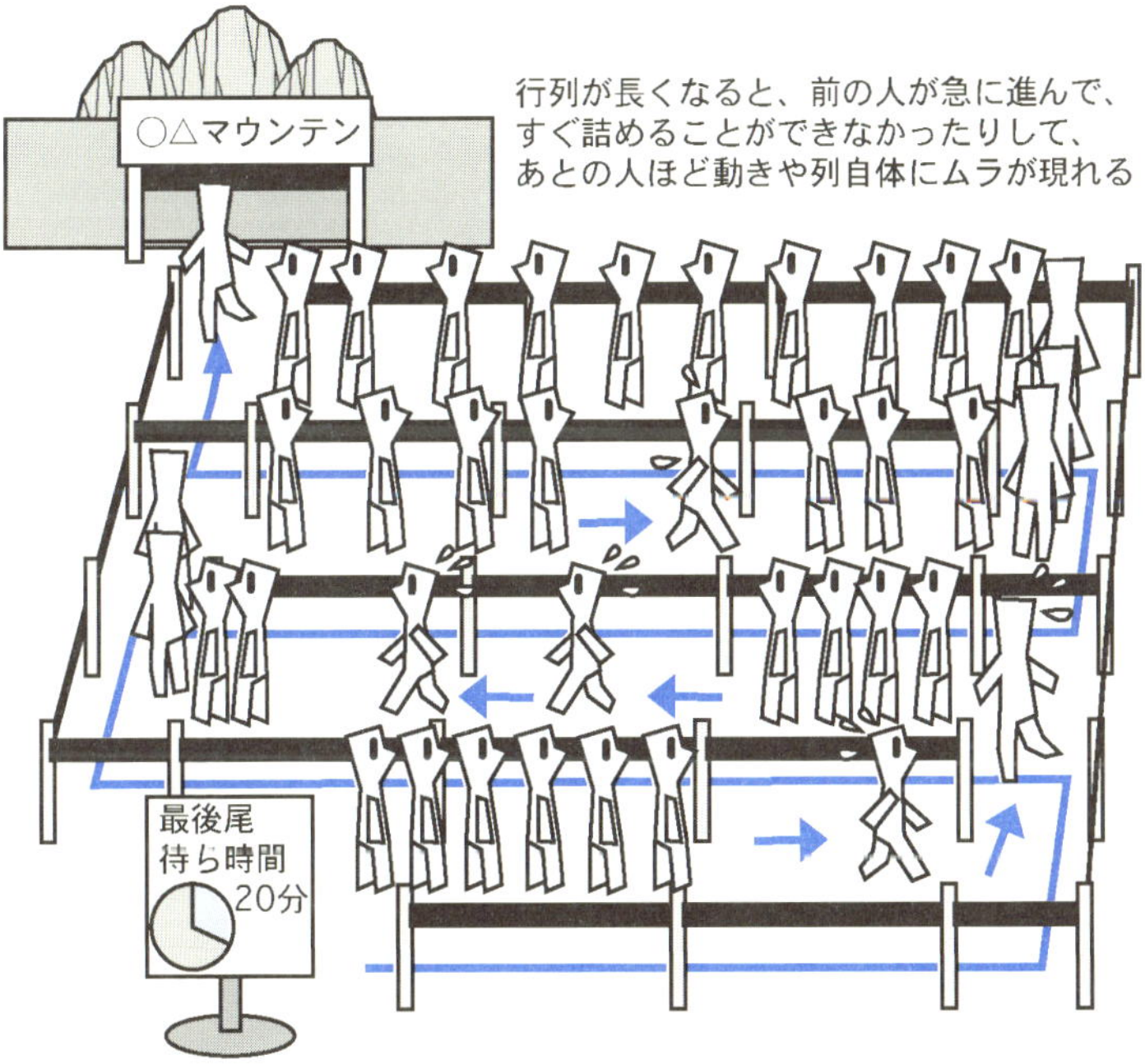
○△マウンテン
行列が長くなると、前の人が急に進んで、
すぐ詰めることができなかったりして、
あとの人ほど動きや列自体にムラが現れる
最後尾
待ち時間
20分

4-3 日常に見るいろいろな渋滞

電車の運行間隔の乱れ＝ダンゴ運転はこうして発生する

混んでいる電車に乗るべきか、次を待つべきか

バスや電車などの公共交通は、客を乗せる停留所の間の移動というシステムになっているが、このようなものに普遍的に見られる渋滞が「ダンゴ運転」だ。ここではこの渋滞がなぜ起こるのかについて考えてみよう。

この問題は、古くは物理学者の寺田寅彦*が都内の市電を観察してその理論を発表している。彼は観測の結果、長い運行間隔で来る電車は混雑し、短い運行間隔で来る電車はすいていることを確かめた。そして乗客が停留所に着いたときに、この長短どちらの運行間隔の電車に遭遇する確率が高いかを考えた。これは単純な確率の問題で、この市電の場合は間隔の長いものに出会う確率が約2倍も高かったのだ。したがって、待っていてすぐに来た電車に乗る人は、すいている電車より混んでいる電車に乗ってしまう機会のほうが多い、という結論に達している。また満員電車には乗らずに次の電車を待ち、1本遅れてもすいた電車に乗るほうが、自分のためのみならず人のため

＊寺田寅彦
1878年東京生まれの物理学者。1935年没。地球物理学から、金平糖の研究、ひび割れのパターンの研究など幅広い業績がある。また、文学的な随筆も数多く残しており、夏目漱石とも親交があった。

図4-7　混んでいる電車に乗らずに次の電車を待つとすいていることも

にもよいと書いている。なかなか含蓄のある話であり、これは実は現代の公共交通にもそのまま当てはまっているのだ。

運行間隔が長いということは、その間に停留所にどんどん客が来る可能性が高い。したがって到着した電車はたくさんの人を乗せなくてはならないため、車内の混雑がより激しくなる。これはまた悪循環を生みやすい。大勢を乗せるのには時間がかかり、そのために停留所の滞在時間が長くなり運行間隔がより増大してしまう。これにより次の停留所では客がもっと多くなる。こうして遅れ始めてしまうと負の連鎖が始まり、ますます遅れて、ますます車内は混んでくるのだ。

そして、その後続の電車に関しては、

前の電車が客を乗せていってくれるので、停留所にあまり人がいない状況が多くなる。このため、停留所での乗り降りのための滞在時間も短くなり、運行間隔も短くなってくる。

こうして、遅れた電車のすぐ後ろには、空いている電車が続くようになる。これがダンゴ運転だ。

ダンゴ運転が発生する様子をシミュレーションする

ダンゴ運転のセルオートマトンによるモデル化はそれほど難しくはない。想定する乗り物は電車でもバスでもよいが、とにかく第2章で書いた基本モデルであるASEPに停留所と客のルールを追加すればよい。

乗り物が走る道が環状になっているとしよう。つまり、山手線や市内循環バスを想定してシミュレーションする。そして各停留所を道に等間隔に置き、そこには毎時間ステップで、人が確率aで次々と来るものとする。そして、停留所以外のセルにいる乗り物は、基本モデルのとおり動かし、前のセルが空いていれば確率pで動くとする。人がいる停留所では、人の乗り込みに時間がかかるため、乗り物の動く確率を人の数に応じてpより下げる。これは待っている人数Nに反比例してpが減少するとすれば

図4-8　人が来るルール、乗り物を動かすルール

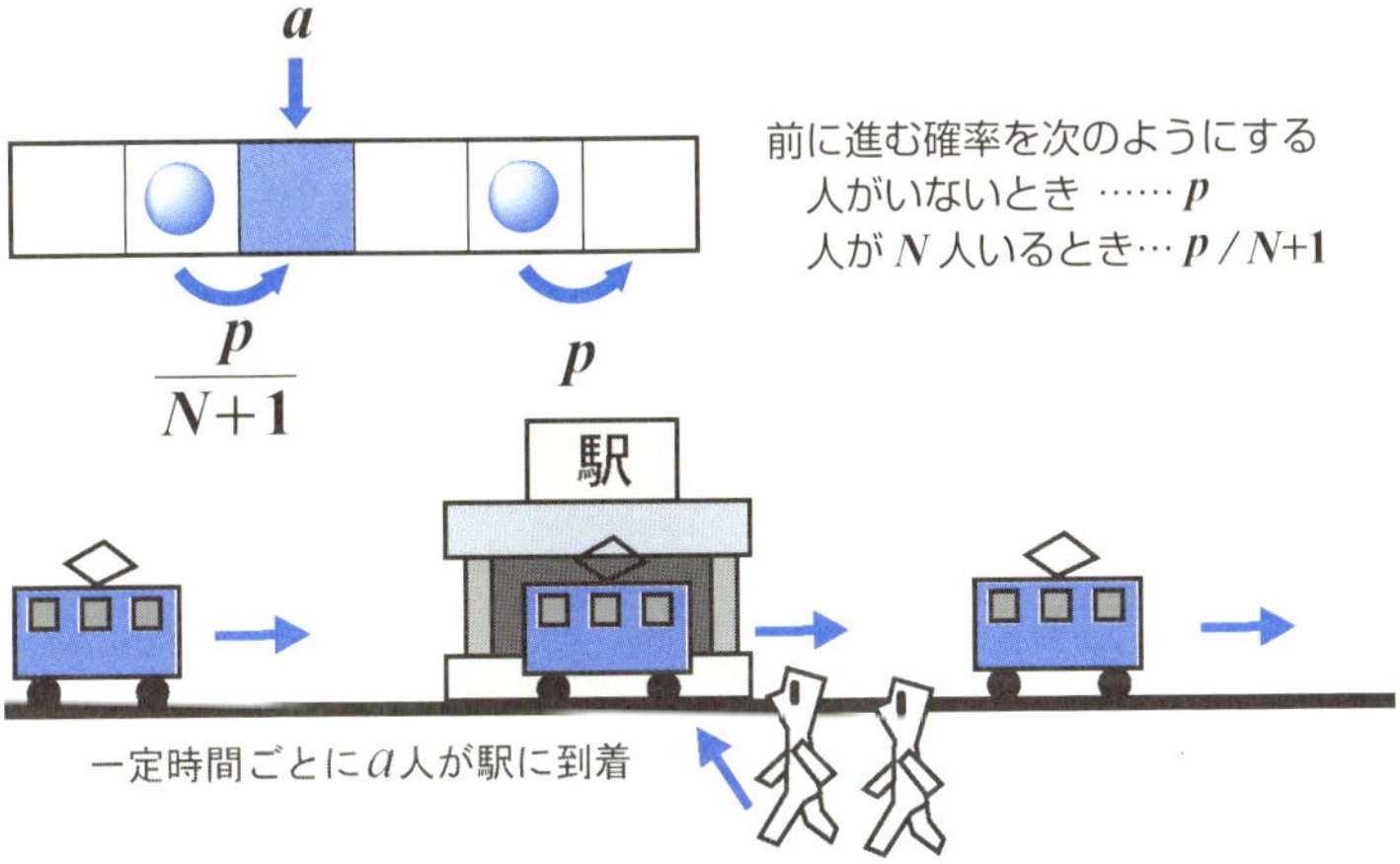

a
前に進む確率を次のようにする
人がいないとき ……p
人が N 人いるとき… p / N+1
p/N+1
p
駅
一定時間ごとにa人が駅に到着

よい。

以上のルールでシミュレーションした結果が次ページの図4-9だ。

最初は4台の乗り物が等間隔で走っていたが、停留所にいる人を乗せるのに時間がかかり、そのため後続車が追いついて、最終的には4台がダンゴ状に連なって走っていることがわかる。

このように停留所にたくさん人がいるときには、注意しないとすぐにダンゴ運転になり、輸送効率は極めて悪くなる。すべての乗り物が連なって運行し、先頭のみ異常に混雑するため、実質的に1つの乗り物だけで運行しているような非効率なシステムになってしまうからだ。

これを避けるため、時間調整のための停

図4-9　ダンゴ運転をシミュレーションした結果（時空図）

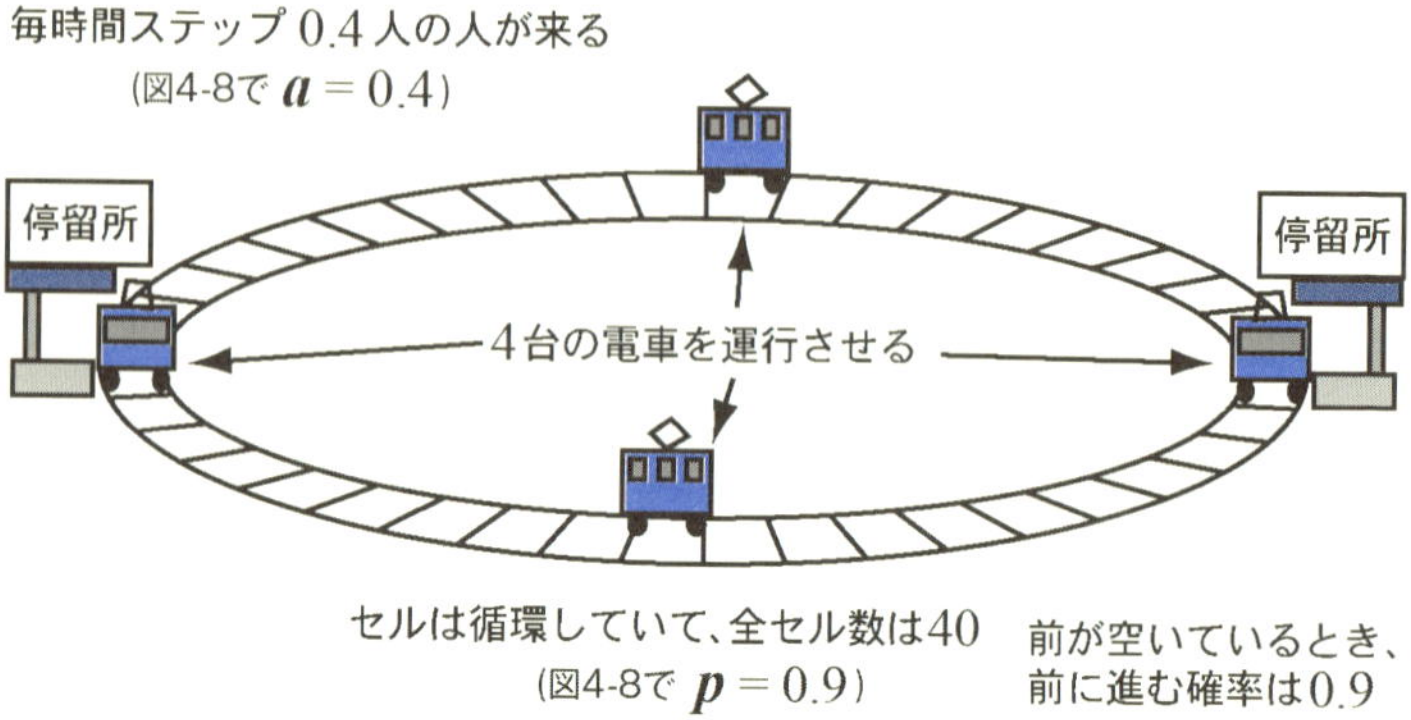

毎時間ステップ 0.4 人の人が来る
(図4-8で $a = 0.4$)
停留所
停留所
4台の電車を運行させる
セルは循環していて、全セル数は40
(図4-8で $p = 0.9$)
前が空いているとき、
前に進む確率は0.9

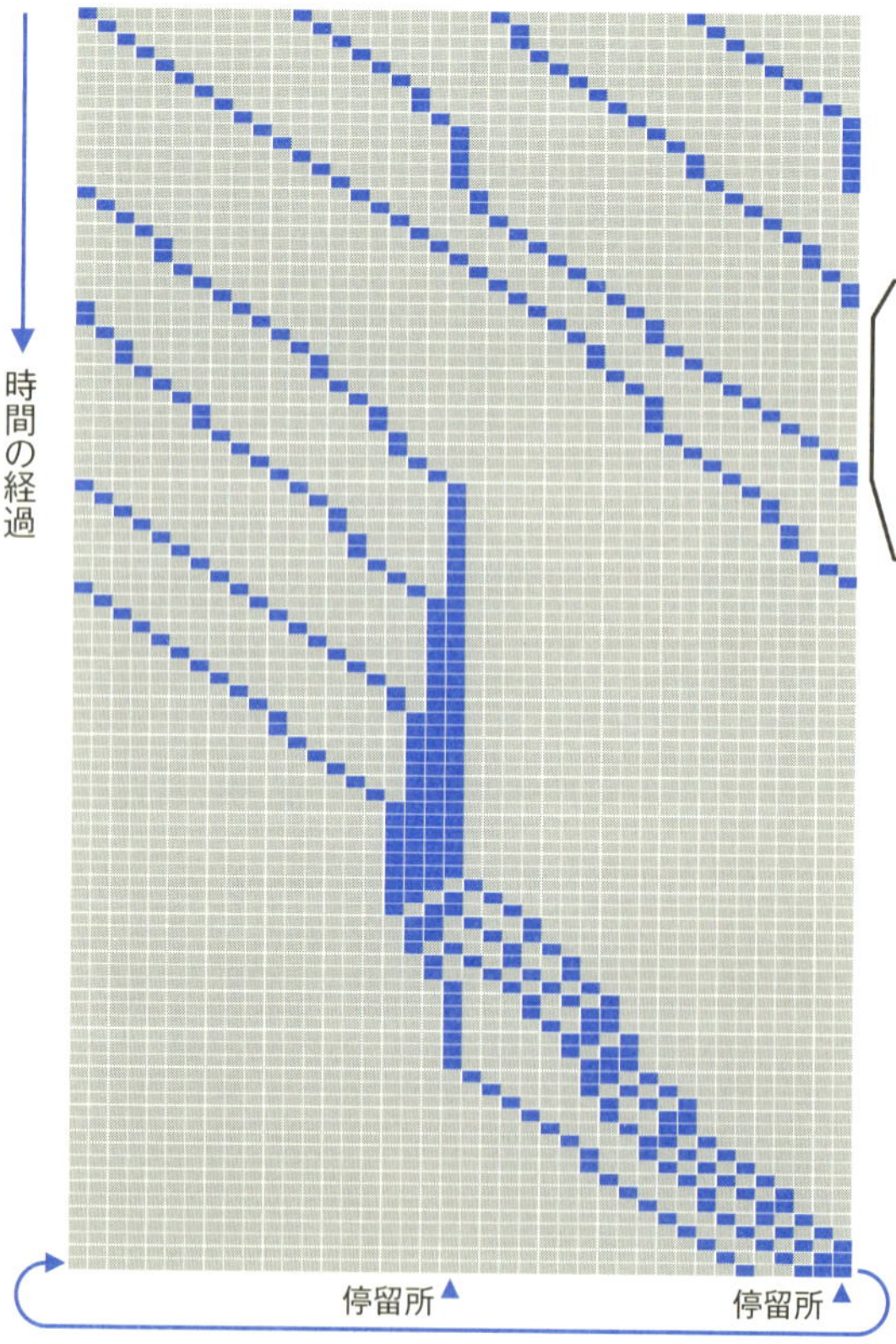

時間の経過
停留所▲
停留所▲

時空図の中央付近で発生した滞留がもとになり、それ以降尾を引いて「ダンゴ運転」になっていることがわかります

車が実際によく行われている。地下鉄やバスなどでは、朝の時間に日常的に駅やバス停で少しの間止まっているのを経験している人も多いだろう。これは、図4-9のようなダンゴ運転を避けるためには必要な措置なのだ。後ろの乗り物がすぐに詰めなければお互いが集まってしまうことはない。

ちなみに実際の電車では、閉塞区間というものがある間隔で設けられていて、その区間には1台の電車しか入れないようになっている。こうして列車間の距離がある程度以下に縮まることはないようにしている。

また、このダンゴ運転のメカニズムは、実はアリの行進にも見られるのだ。これは次章で詳しく考察するが、単純なモデルを用いることで電車、バス、アリなどの異なる交通流の関係も見えてくるのが渋滞学の楽しみの一つだ。

図4-10　実際は「閉塞区間」を設けてダンゴ運転になるのを回避する

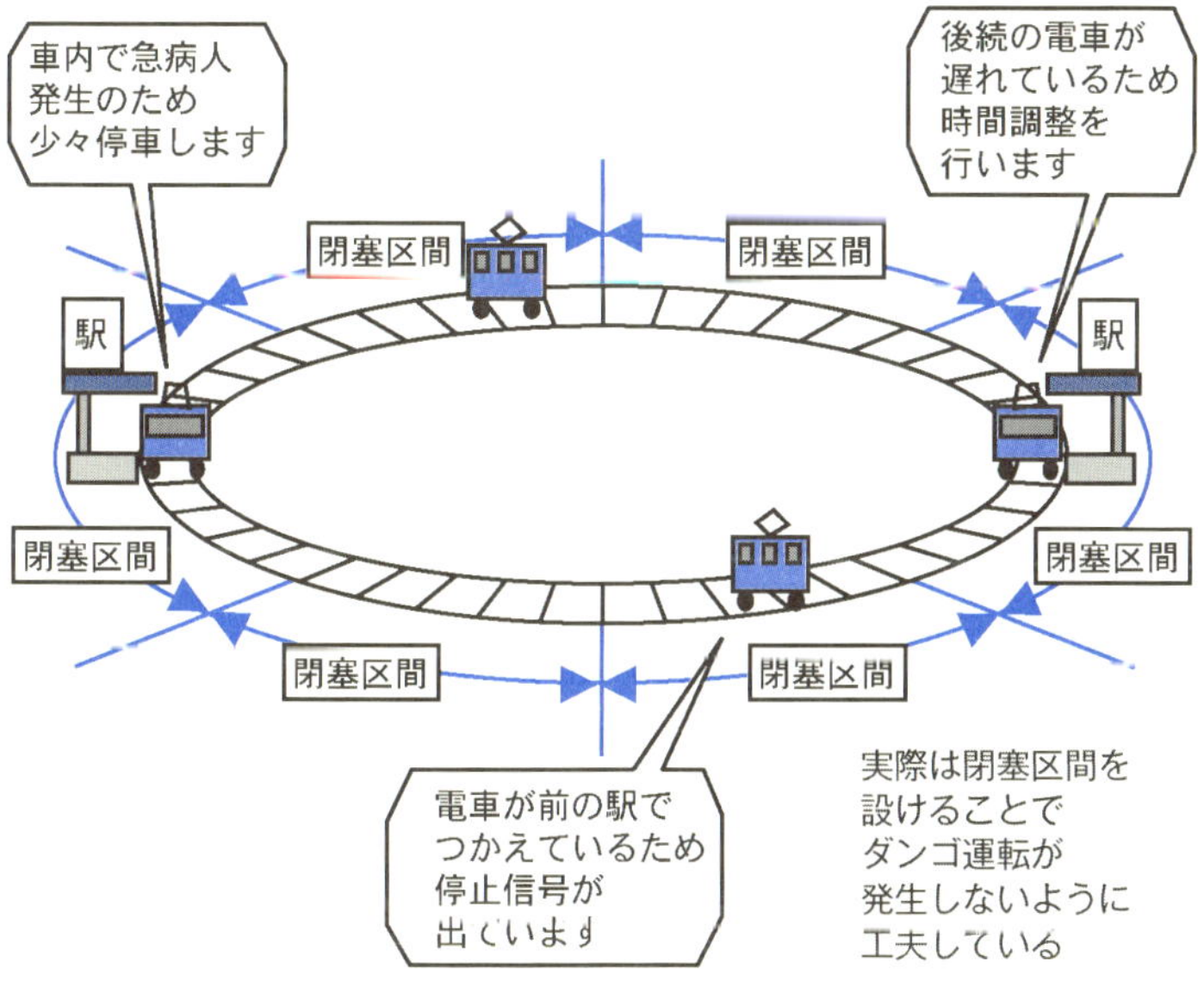

4-4 日常に見るいろいろな渋滞

踏切が引き起こす渋滞はどうすれば緩和できるか

都市交通における車の渋滞は、いろいろな要素が絡んでいて、最も難しい問題の一つだ。ここでは少し変わった角度からこの問題を考えてみよう。それは、鉄道踏切の問題だ。

問題は遮断機が開いているときに潜んでいた

列車通過時は遮断機が下りて完全に交通をストップさせてしまうが、ここで問題にしたいのは遮断機が開いているときだ。

鉄道踏切において、日本では遮断機が開いているときでも一時停止しなくてはならない。1日のべ5千万台以上が踏切を通過しており、この一時停止の交通流に与える影響は大変大きい。一時停止は道路交通法第33条で定められており、また自動車教習所でも厳しく習うので、なかばドライバーの常識になっている。

しかしあまり知られていないが、実はこのような法律があるのは日本と韓国くらいで、その他の国では遮断機が開いていれば乗用車はノンストップで走りぬけられるのだ。海外で車を運転する場合はこれを知っていないと危険で、踏切の前で勝手に一時停止をすると後ろから追突されるかもしれない。

いうまでもなく、踏切と道路を立体交差にできれば最もよいのだが、それには膨大な時間と費用がかかる。その日をじっと待つのではなく、今すぐできることを考えなくてはならない。

まずこの一時停止による都市交通の流量低下を理論的に調べるために、モデル化によるシミュレーションを行ってみた。それを用いて、一時停止する場合とノンストップの場合で、その流量の差を調べてみよう（次ページの図4‐11）。車は第2章で述べた準安定状態が出るモデルで動かし、計算

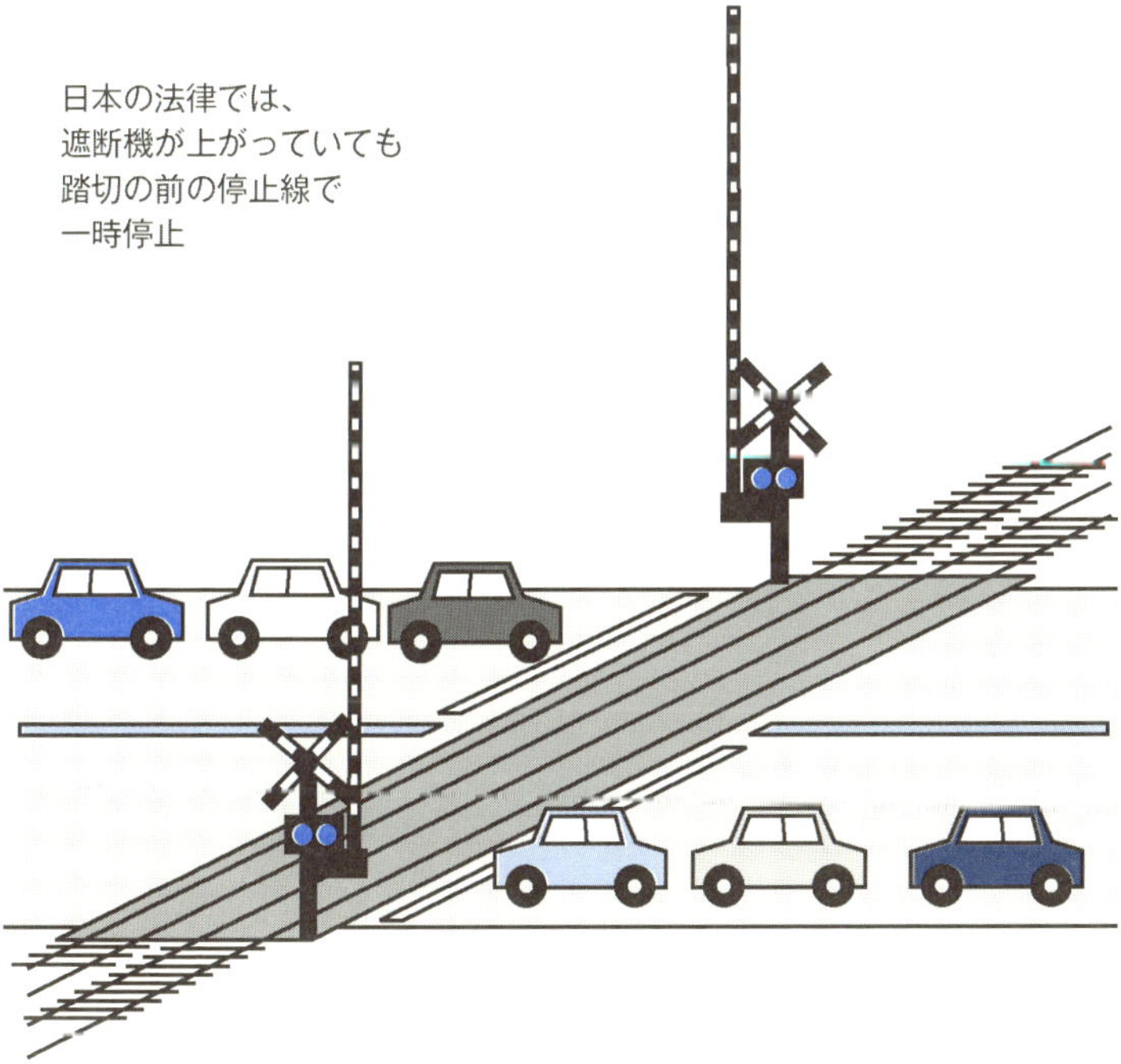
日本の法律では、
遮断機が上がっていても
踏切の前の停止線で
一時停止

図4-11　一時停止とノンストップのルール

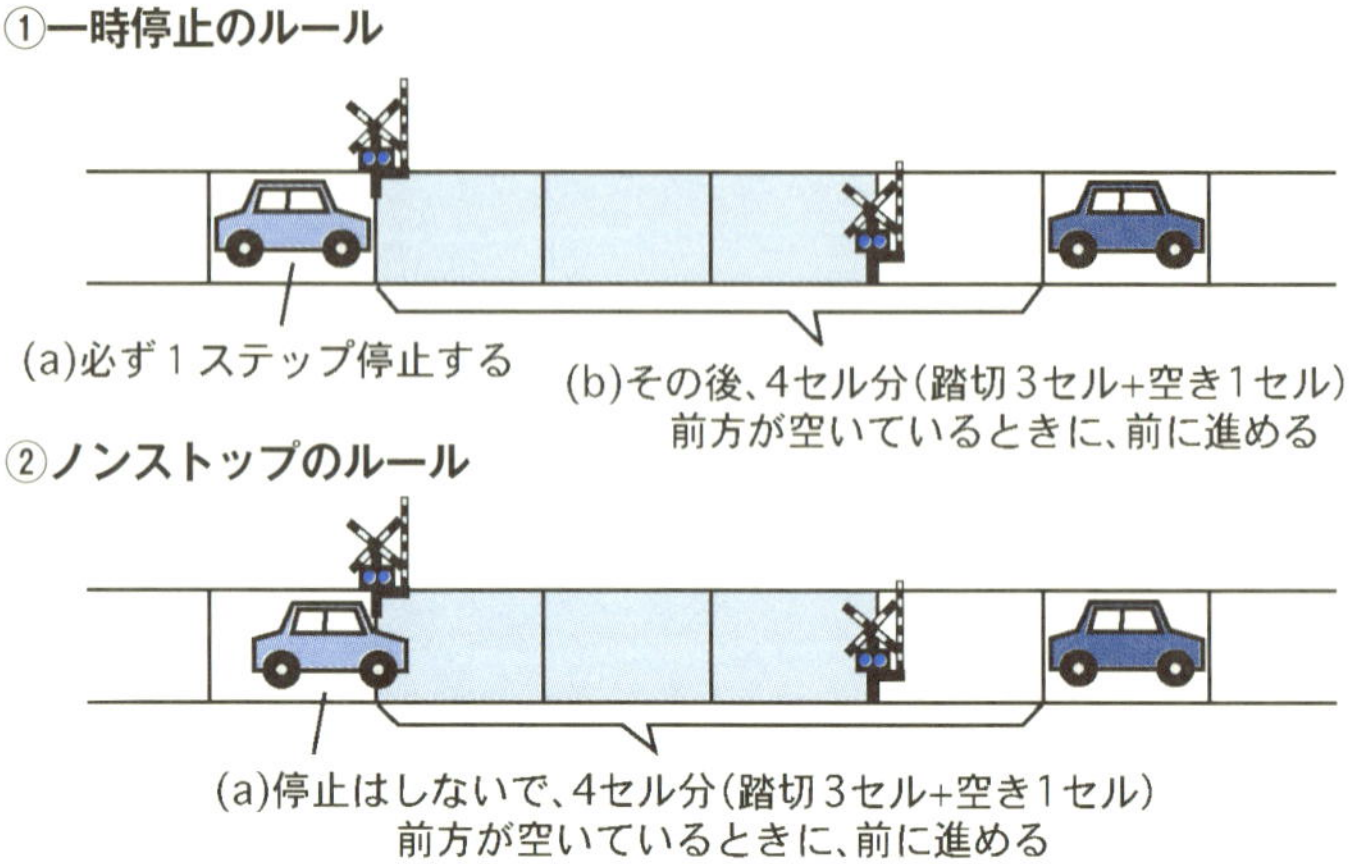
①一時停止のルール
(a)必ず1ステップ停止する
(b)その後、4セル分(踏切3セル+空き1セル)
前方が空いているときに、前に進める
②ノンストップのルール
(a)停止はしないで、4セル分(踏切3セル+空き1セル)
前方が空いているときに、前に進める

区間は踏切を含む前後約100メートルの長さの道を設定した。そして走る車の台数をいろいろと変えて踏切を含む全区間の流量を調べた。

現状の一時停止の場合、車は踏切の停止線で必ず完全に停止し、その後に動き出すとする。もちろん踏切内に車がいる場合は進まないとし、踏切の先に1台分の空きセルができたときに動き出す。これによって遮断機による囲い込みがないような走行ルールを与えた。

これはノンストップの場合もまったく同じで、もちろん踏切の先が空いているときは一時停止はしないが、前方が混んでいるときは同様に踏切の手前で停止するというルールだ。

ノンストップにすると、渋滞はどれほど緩和されるか

次ページの図4-12は、シミュレーションの結果であり、濃い青色で示した部分が踏切停止線で、そこから3セル分が踏切内という設定になっている。

図における車の台数は、渋滞になる臨界密度のわずかに手前に設定したものだ。まったく同じ条件から出発して、①は停止線で必ず一時停止する場合で、②はノンストップでの走行だ。一時停止の場合は、停止位置で必ず停止している様子がわかる。また一時停止する①の場合、停止線を先頭に渋滞が形成されているが、②の場合は臨界密度以下のため、まったく渋滞は発生していない。

次にこの停止によりどれだけ交通流量が減少するかを密度をいろいろと変えて求めた基本図が次々ページの図4-13だ。縦軸にこの区間の流量をとり、横軸にこの区間の車の密度を割合で表示した。青い線が一時停止の場合で、黒い線がノンストップの場合だ。これより、密度が20%付近の流量の最大値は、ノンストップにすれば約2倍になっていることがわかる。

このように単純なモデル化とそのシミュレーションによっても、ノンストップにより流量が最大約2倍大きくなることが示せた。そしてちょうど渋滞に相転移するあた

図4-12　一時停止とノンストップでシミュレーションした結果
（時空図）

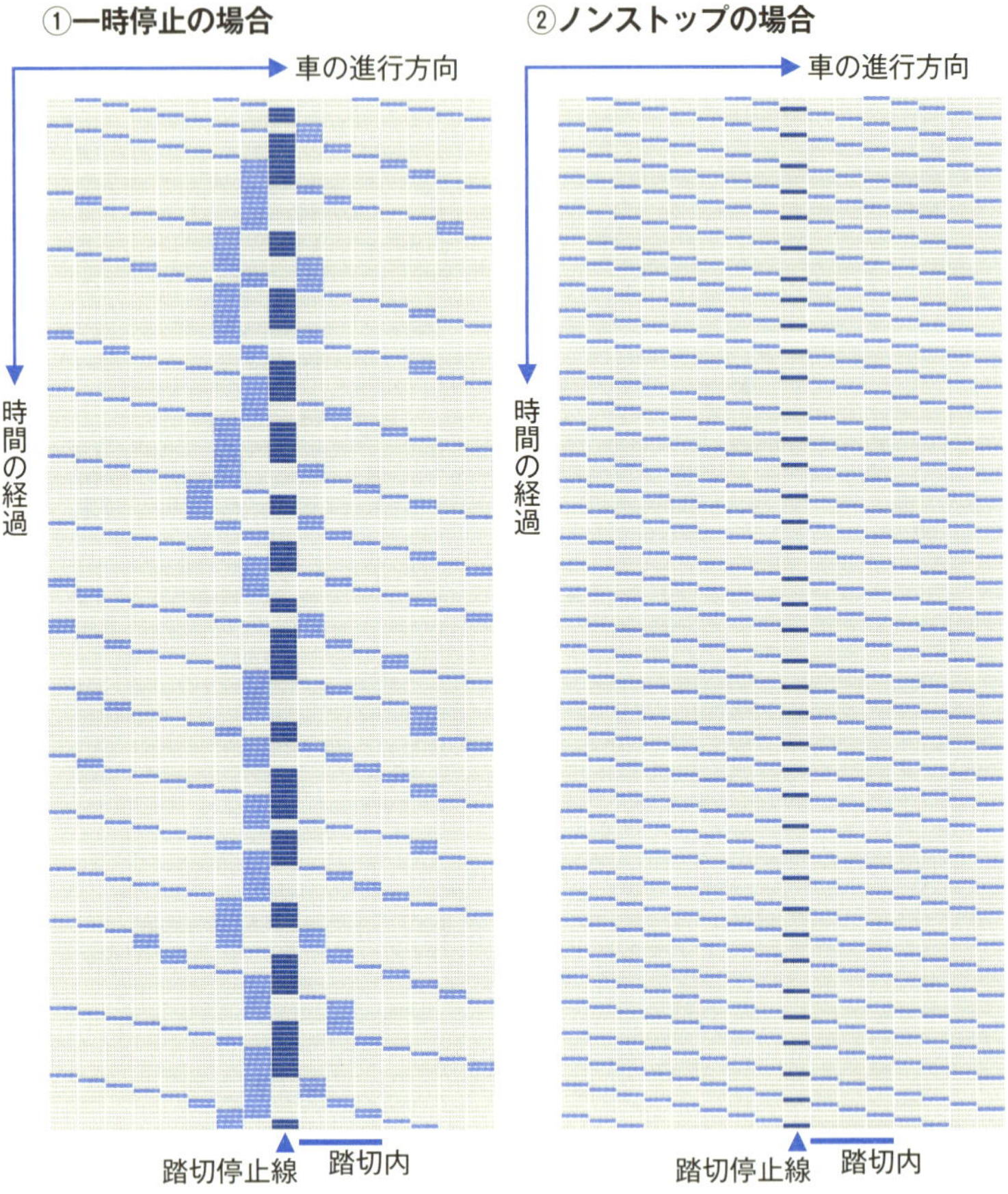
①一時停止の場合
車の進行方向
時間の経過
踏切停止線
踏切内
②ノンストップの場合
車の進行方向
時間の経過
踏切停止線
踏切内

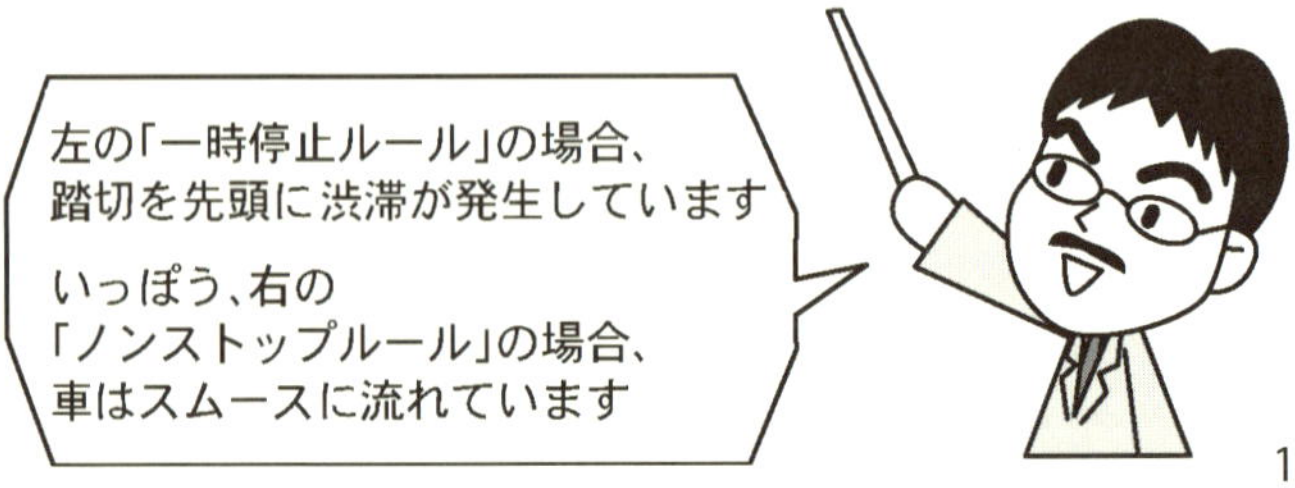
左の「一時停止ルール」の場合、
踏切を先頭に渋滞が発生しています
いっぽう、右の
「ノンストップルール」の場合、
車はスムースに流れています

りの車の密度付近で、最も大きな流量増加が見られることがわかった。

また渋滞しているときは、ノンストップにしてもほとんど流量増加は見られない。これは当然で、渋滞のために踏切の先に常に車がいるので、ノンストップの場合も車は必ず一時停止するからだ。

流量が2倍になると、その経済効果は膨大なものになる。たとえば、一時停止をして失った走行損失時間は約7秒であり、これは時価価値計算をすると、日本全体で約１８００億円になる。そしてノンストップにすることで二酸化炭素排出量が減る。その省エネ効果は年間１００万トン以上の削減になり、これは30万世帯以上からの排出量に匹敵する。

図4-13　一時停止とノンストップによる基本図

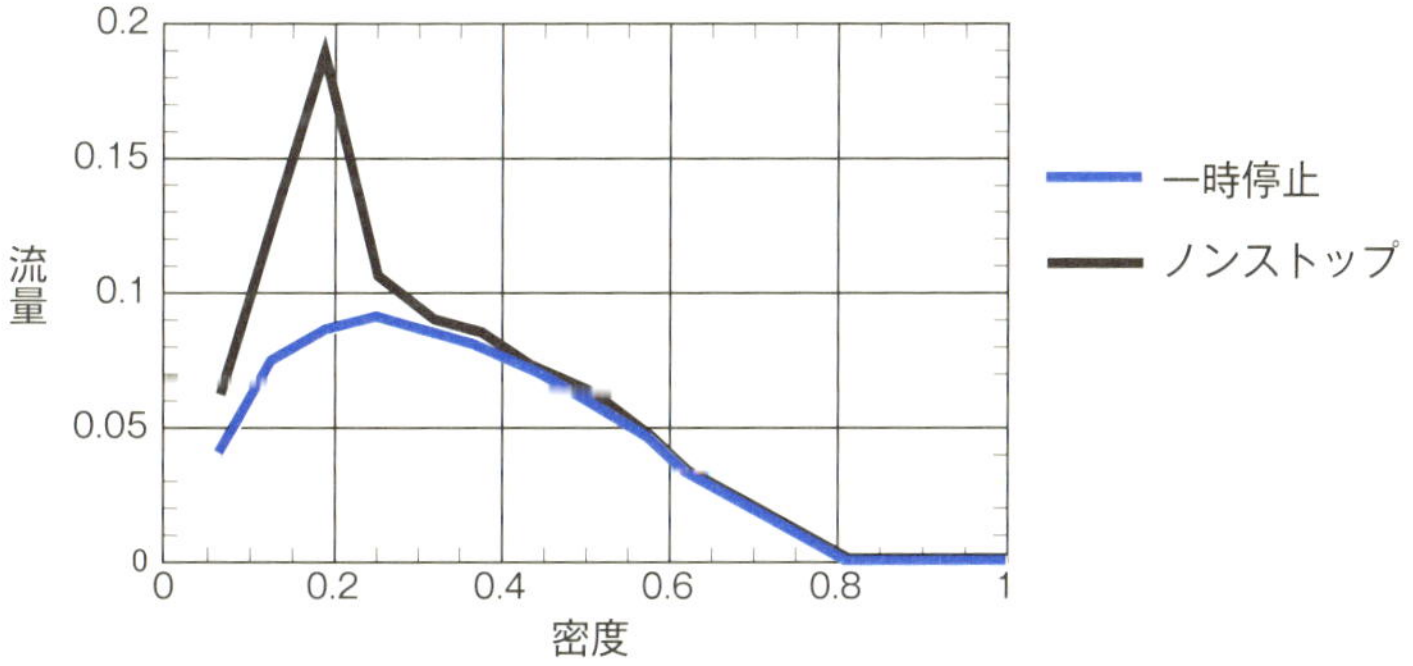
流量
0.2
0.15
0.1
0.05
0
0
0.2
0.4
0.6
0.8
1
密度
一時停止
ノンストップ

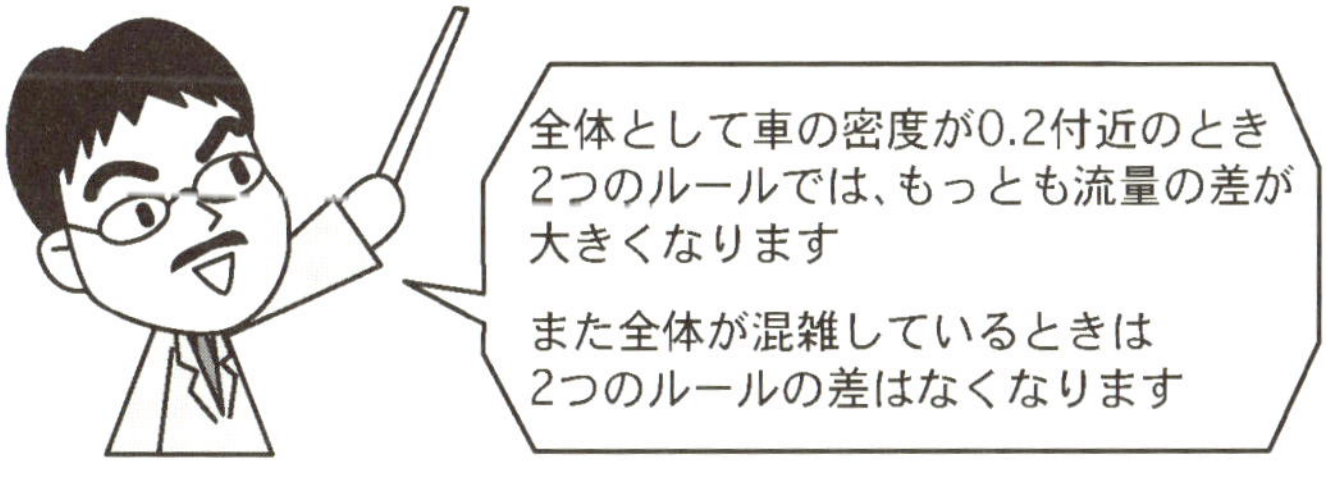
全体として車の密度が0.2付近のとき2つのルールでは、もっとも流量の差が大きくなります
また全体が混雑しているときは2つのルールの差はなくなります

渋滞緩和のため真剣に議論し始めたノンストップ方式

この問題を考えるうえで最も注意しなくてはいけないことは安全性だ。
過去5年間の鉄道踏切事故の231件を調べた結果*を見ると、1位は、遮断機が下りているところに無理やり進入して列車と衝突したもので、61件もある。2位は、運転上の注意不足により、踏切進入後に遮断機が下りてきて囲い込まれてしまったもので、これが58件ある。3位は、踏切内に進入後に車の故障や脱輪などで車が立ち往生したもので47件ある。

これらは、一時停止の有無にはあまり関係ないものがほとんどであり、むしろ原因を分析すると、一時停止をしないで走り抜けていたら事故は起きなかったと考えられるものも多数ある。しかしノンストップにすると安全性のうえで、どうしても気になる疑問が2つある。これを検討しよう。

①遮断機との追突事故が増加する？

現在年間約2700本の遮断棒折れ事故がある。これは車が遮断棒に引っかかったり無理に押したりして起こるものだが、ノンストップにすると、警報に十分注意していない車は下りてくる遮断棒と接触する事故が増えるかもしれないという懸念

＊**調べた結果**
自民党衆議院議員の原田義昭さんの調査による。

がある。

これに対しては警報機の「音」を補うような警告、たとえば警報機の点灯をより見やすくする工夫や、警報から遮断までの時間をやや長くするなどの対策が必要だろう。また、遮断棒の構造を見直し、横から押しても簡単に折れないような取り付け方法にしたり、囲い込まれても押しながら出られる構造にすることも有効だ。これらは一部では既に実用化されている。教習所での安全教育を徹底することももちろん重要だ。

②踏切内で立ち往生する車が増加する?

これは交差点内で立ち往生するのと同じであり、渋滞時の前方交通状況の注意を徹底しなくてはならない。ちなみに踏

図4-14　踏切付近の道路構造に関する政令

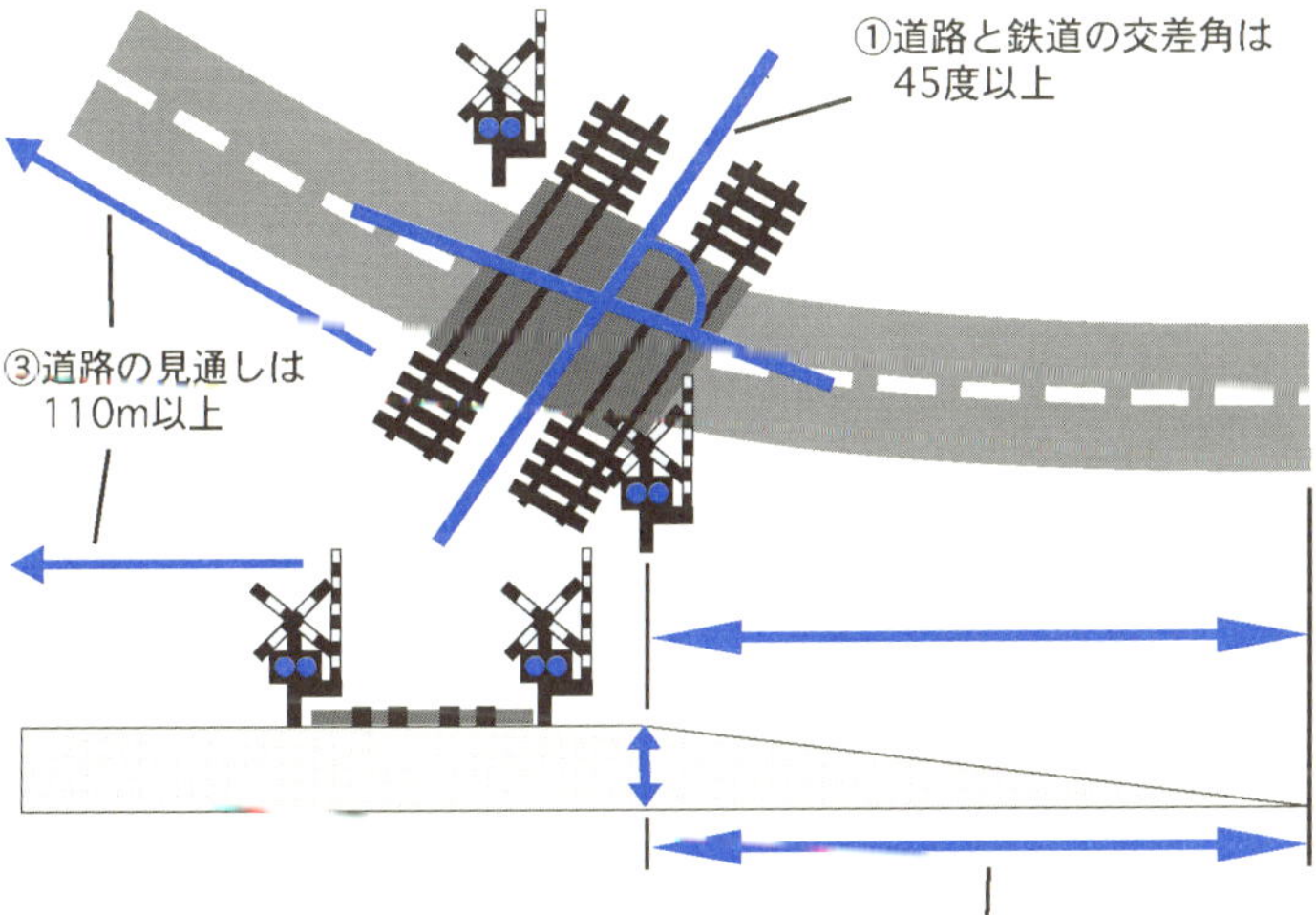
①道路と鉄道の交差角は
45度以上
③道路の見通しは
110m以上
②踏切前後30mの区間の
勾配は2.5%以下

切付近の道路構造に関しては道路構造令という政令で定められており、道路と鉄道の交差角は45度以上とらなくてはならないし、踏切前後30メートルの区間の勾配*は2・5％以下、そして道路の見通しも最低で110メートル以上なくてはならない。このように踏切付近は、渋滞や事故の原因になるカーブや坂道、見通しの悪さは極力排除した構造になっている。

最近は信号機付き踏切というものが全国に約180箇所できている。この場合、信号機が青ならばノンストップで通過してよいというのが道路交通法で認められている。しかし、踏切が開いていて信号機が赤になっているときは基本的にないのだ。つまり信号機と踏切は基本的に連動しており、現代における踏切装置の信頼性を考えると無駄な二重投資といわざるをえない。

以上により、都市交通の渋滞緩和のために、海外では常識となっている「開いている踏切でのノンストップ」を、私たちは現在さまざまな角度から関係各所と議論しながら真剣に検討している。

＊**勾配**
100 メートル進むと何メートル高さが変化するかを表す指標。「2.5%」の場合は、100 メートル進むと 2.5 メートル高さが変化する。

第5章

動物も昆虫も渋滞する！

5-1 動物も昆虫も渋滞する！

動物の集団行動が連鎖していくしくみ

群れる動物、群れない動物

これまで車や人がたくさん集まってできる渋滞の例を見てきたが、自然界を広く見渡すと、群れをなす動物はたくさんいることに気がつく。たとえば地上では、シマウマなどの草食動物から、ペンギン、アリ、ハチやバッタなども群れを作って行動している。また海中では、魚はもちろん、バクテリアや貝なども集まってコロニーを作ることが知られている。これらの群れは日常よく見かけるものもあるし、動物園、水族館、あるいはテレビなどで見たことのある人も多いだろう。

逆に群れを作らない動物もいて、その身近な例にネコがいる。ネコ科のライオンだけは例外的にプライドといわれる十数頭の群れを作って暮らしているが、一般にネコ科の動物は群れを作らずに単独で行動する。オオカミなどイヌ科の動物は基本的に群れをなすので、この意味でもネコとイヌは対照的だ。また熊も群れを作らないことが知られているが、もし熊が群れていたらこんなに恐ろしい光景はないだろうと思う。

群れる生き物　左上:マガン、 右上:アリ(クサアリモドキ／写真提供:中部蟻類研究所)、下:ギンガメアジ

群れない生き物　左:ヒグマ(写真提供:(財)知床財団)、 右:ネコ(オシキャット)

なぜ群れを作るものと作らないものがいるのか、というのは興味深い問いだ。動物にとっては、群れ＝嫌な渋滞である、という単純な図式は成り立たない。むしろ群れていたほうが生存に有利だから、という理由で集まっていると考えられる。これは社会心理学では適応的視点といわれている。

人間は混雑時に他人を邪魔だと感じることが多いが、動物はどうもそうではないらしい。たとえば、1匹でいるより何匹かでいるほうが周囲の餌を発見する確率が高くなる。また、個体どうしが近くにいたほうが繁殖に有利ということも考えられる。さらに、捕食者が潜んでいるときは、これも仲間の誰かが発見すればみんなで逃避行動をとれるので、襲われる危険性も低くなる。

動物の群れのメリット
＝適応性

社会性動物や昆虫は子孫を残すために集団を作る

寄り添って寒さなどから身を守る

個体が寄り集まって集団繁殖を行う

集団になって捕食動物に対処する

集団で飛行して食物を探す

いっせいに逃避するかどうかを決めるもの

逃避行動に関しては興味深い理論があるので紹介したい。1978年にアメリカの社会学者グラノベッターが、しきい値モデルというものを発表した。これは、集団行動がどのように誘発されるかをモデル化したもので、渋滞学にもさまざまに応用できるものだ。シマウマを例にしてこのモデルを説明しよう。

今、草原にシマウマの群れがいて、そこにライオンが密かに近づいてきたとする。誰かがライオンに気がついて走り出すと、それにつられて他の敏感なシマウマがすぐに走り出す。なかにはなかなか反応の鈍いシマウマもいて、大多数が走り出さないと自分も一緒に逃げない。

この分布を描いたものが次ページの図5－2だ。横軸は、全体の何％が動けば自分も動くかというしきい値を示していて、縦軸はそのしきい値で反応する個体の比率だ。たとえば、全体の20％が動けば自分も動く、という個体数は全体の10％程度であることがグラフよりわかる。この分布の形は動物によっていろいろと異なるが、だいたいどれも山形になると想像できるので、ここでは図のようなものになっていると仮定して話を進める。

図5-1　マーク・グラノベッター

アメリカのスタンフォード大学の教授で、社会学者。1978年にしきい値モデルを発表し、騒乱の大きさがどのくらいになると自分もその騒ぎに参加するか、という熱狂状態の形成についての研究をした。この限界の大きさを「しきい値」という。

次に個体の累積比率を縦軸にとり、横軸は同じまま書き直す。すると、100%のしきい値でちょうどすべての個体数になるので、累積比率は100%に向かって増加するカーブになる。この曲線が図に示してあり、あわせてグラフの原点と累積比率が100%になる点とを結ぶ直線を引いた。この直線と曲線の交点がCだ。

この図から、シマウマがはじめにどれだけ動けば、群れ全体が動くかがわかる。たとえば、はじめに40%のシマウマが動いたとしよう。すると図5-2より、しきい値40%以下の個体はこの動きに誘発されて動くので、次には累積比率でトータル約60%の個体が動く。さらにこれだけ動けば、次にはそれを見て累積比率で85%の個体が動く。このように動き出す個体が次々とドミノ式に増えて、結局、群れ全体が走り出すのだ。これは、交点Cより大きいしきい値から始めればどこでも同じで、最終的には群れ全体が動くことがわかる。

次に交点Cより小さいしきい値から始めよう。たとえば、25%のシマウマが少し動き出したとする。次にそれに誘発されて動く個体は15%となり、これを繰り返すとどんどん累積比率が下がってしまい、結局どの個体も動きをやめてしまう。この現象も交点Cより低いしきい値から始めれば、どこでも同じになる。

このように、累積比率の曲線と直線の交点が、群れの全体の行動を決める臨界のし

図5-2　しきい値と、それに反応する固体の比率との関係

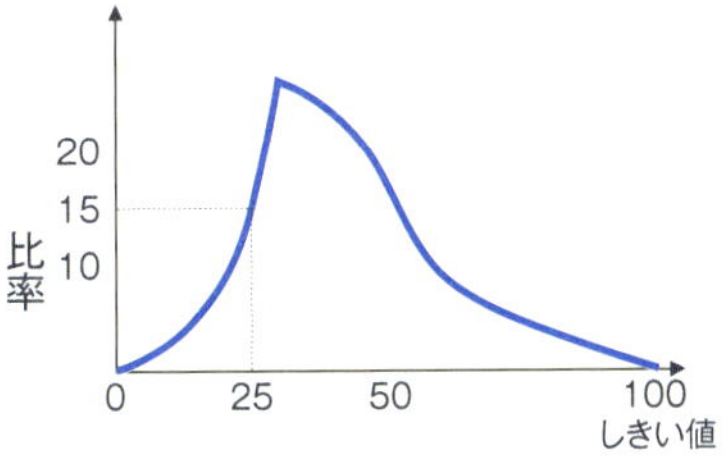

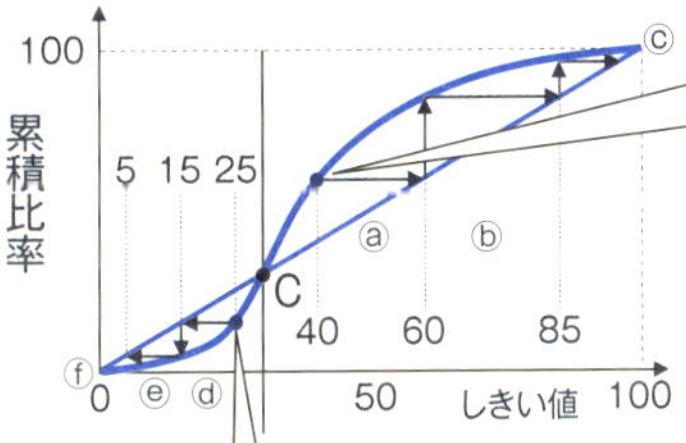

最初に、C点より大きい割合のシマウマが動いた場合

はじめに40%のシマウマが動くと、
ⓐそれに誘発されて、動くシマウマは全個体の約60%になる
ⓑさらにそれに誘発されて、動くシマウマは全個体の約85%になる
ⓒこれを繰り返すと全個体が動く

最初に、C点より小さい割合のシマウマが動いた場合

はじめに25%のシマウマが動くと、
ⓓそれに誘発されて、動くシマウマは全個体の約15%になる
ⓔさらにそれに誘発されて、動くシマウマは全個体の約5%になる
ⓕこれを繰り返すと全個体は動かなくなる

交点Cが臨界のしきい値であり、群れ全体の行動を決める重要な値だ

しきい値が低い例

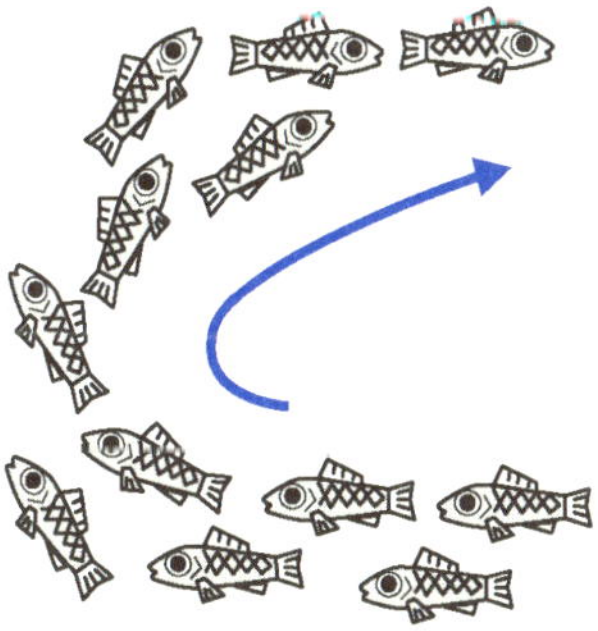

アジなどの魚群は、先頭の個体が向きを変えると、いっせいに追随して向きを変える

しきい値が高い例

アフリカゾウは集団をつくって行動するが、生存上強者なので、臨界のしきい値は高いだろう

きい値になっているのだ。

初期の行動がこの臨界値より大きい比率で起これば群れ全体の行動に発展し、逆の場合は群れは全体として動かない。単純なアイディアだが、個体の動きと群れ全体の動きとの関係がわかる優れたモデルだ。

外敵に対してかなり敏感な個体は、この交点Cが原点に近くなる。たとえば、アジの群れは、少しのきっかけで全体が一気に方向転換することが知られている。これは何度映像を見ても不思議な光景だが、お互いの出す微少な振動、つまり海中を伝わる音波を、側線という感覚器官を通して感知して動くのだ。そしてアジの場合はこの全体が動くようになるしきい値が極めて低いと考えると納得できる。

逆に決まった住み家のあるような動物の場合、このアジのようにちょっとの物音ですぐに引越しをしていては大変なので、ある程度そこに居続けようとするだろう。このため交点Cは大きい値であると考えられる。

商品のマーケティングに応用できる「しきい値モデル」

このモデルは、マーケティングにも直接応用できる。

たとえば、携帯電話は今や大多数の人が持っているが、皆さんが携帯電話を持ち始めたのは周囲の何%くらいが持ったときだっただろうか。友人の誰か1人が持っていただけで自分も欲しくなる人もいるだろう。筆者は比較的遅く、だいたい周囲の70%くらいの人が持ったときに持ち始めた。また、自分は最後の1人になるまで購入しない、という人もいる。これはしきい値が0%に近い人から、100%に近い人までに対応している。

そこで、ある程度アンケート調査をし、累積比率の図を描いてみれば、交点となるしきい値が割り出せる。これよりもわずかに多い程度の人に宣伝をすれば、一気に全体にその商品が広まる可能性がある。全体に広めるには、全員に宣伝をしなくてもよく、ドミノ効果で必要最小限の宣伝量で済ませたほうが効率がよい。もちろん人の場合、このように単純に広告効果を考えることはできないが、たいへん参考になる理論だ。

渋滞学に関連していえば、たとえば避難にこの考えが適用できる。津波や火事などの災害からの避難に際して、警報を出すとすぐに逃げる人とそうでない人がいることが指摘されている。この行動はまさにしきい値モデルで表現できる。

状況によってこの交点がどのくらいのしきい値なのかを調べておくことは、警報のエリアの設定と住民の逃げ遅れを防ぐためにも重要だ。また、イソップ童話の狼少年の例にもあるとおり、少しの疑いだけで毎回警報を出し続けてしまうと、それに慣れてしまい交点が高いしきい値側に移動してしまうことも考えられる。そのため本当に災害が起こったときに、警報が役に立たなくなってしまう。やはり現在の住民の臨界のしきい値を何らかの形で常に知っておくことが望ましい。

図5-3　社会生活のいろいろな場面に応用できる「しきい値モデル」

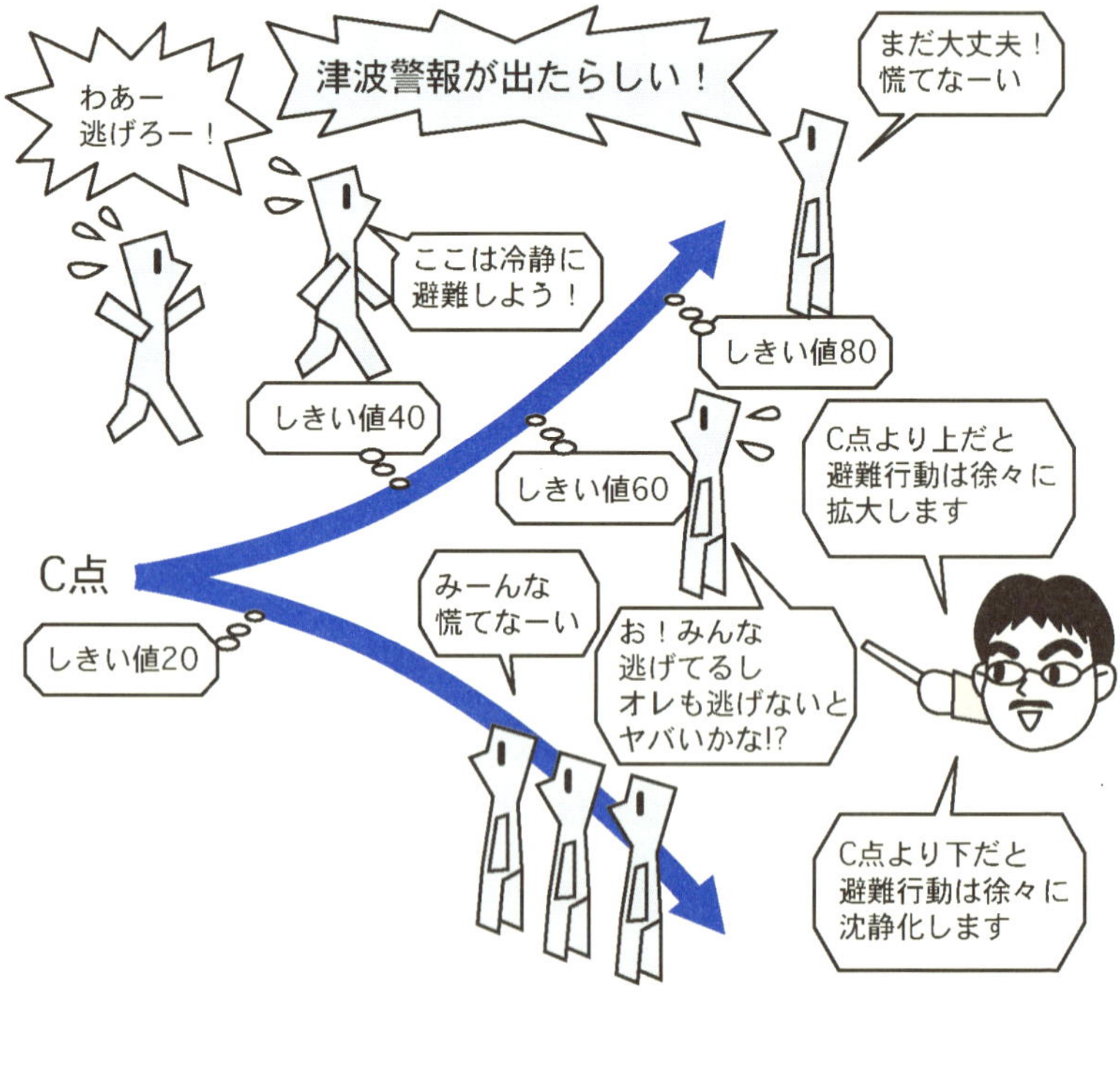

動物の群れに見られる協調的な行動はどう作られるか

群れが動く様子を再現するBOIDモデル

簡単な群れのシミュレーションをするモデルとして、ＢＯＩＤモデルというものが知られているので紹介しよう。

ＢＯＩＤモデルは、１９８７年に、アメリカのレイノルズというコンピュータグラフィックスの技術者によって考えられたものだ。非常に単純なルールで動かすのだが、自然界で見られるような、群れが動く様子が再現できるため興味深い。なお、ＢＯＩＤという言葉は鳥を表す英語の「バード」と「アンドロイド」を組み合わせて作られた造語だ。

このたいへんシンプルなモデルは、さまざまな動物の群れ行動を考えるベースとして使うことができる。ルールに少し改良を加えることで、現在は鳥だけではなく、魚やハチ、蚊などの群れの様子の研究にも用いられている。

モデルの基本ルールは次の３つだけだ。

①凝集ルール
他の個体の位置の中心の方向に向かう。
②分離ルール
障害物や他の個体にあまり近寄らないようにする。
③整列ルール
他の個体が動く平均の方向へそろえる。

この3つの簡単なルールで各個体を動かしていくだけだ。ちなみに他の個体を参照する範囲は自分からある距離以内のみに限定し、しかも、視野前方のたとえば300度だけとする。いわば視野の範囲のセミローカルな領域のみを見て動くというルールになっている。そしてこの領域にいる他の個体や障害物に対して各時間ステップごとに基本3ルールを適用し、自分の動く方向を決めていくのだ。

具体的には、まず各ルールに従って進む方向を決め、得られた3つの方向を平均して最終的な進行方向を決める。各ルールについては、このままではまだきちんと定まらず、細かいところでさまざまに異なった方法で実際のプログラムを書くことができるのだが、おおよそどのようなものでも群れをなして動いてくれることが知られてい

図5-4　群れをモデル化するときの3つのルール

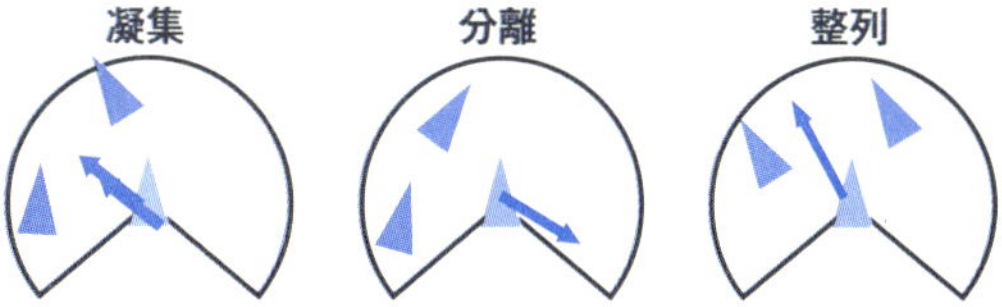

凝集：視野の中の個体の中心方向へ向かおうとするルール
分離：お互い離れようとするルール
整列：動く方向をそろえようとするルール

図5-5　3D BOIDsのシミュレーション図

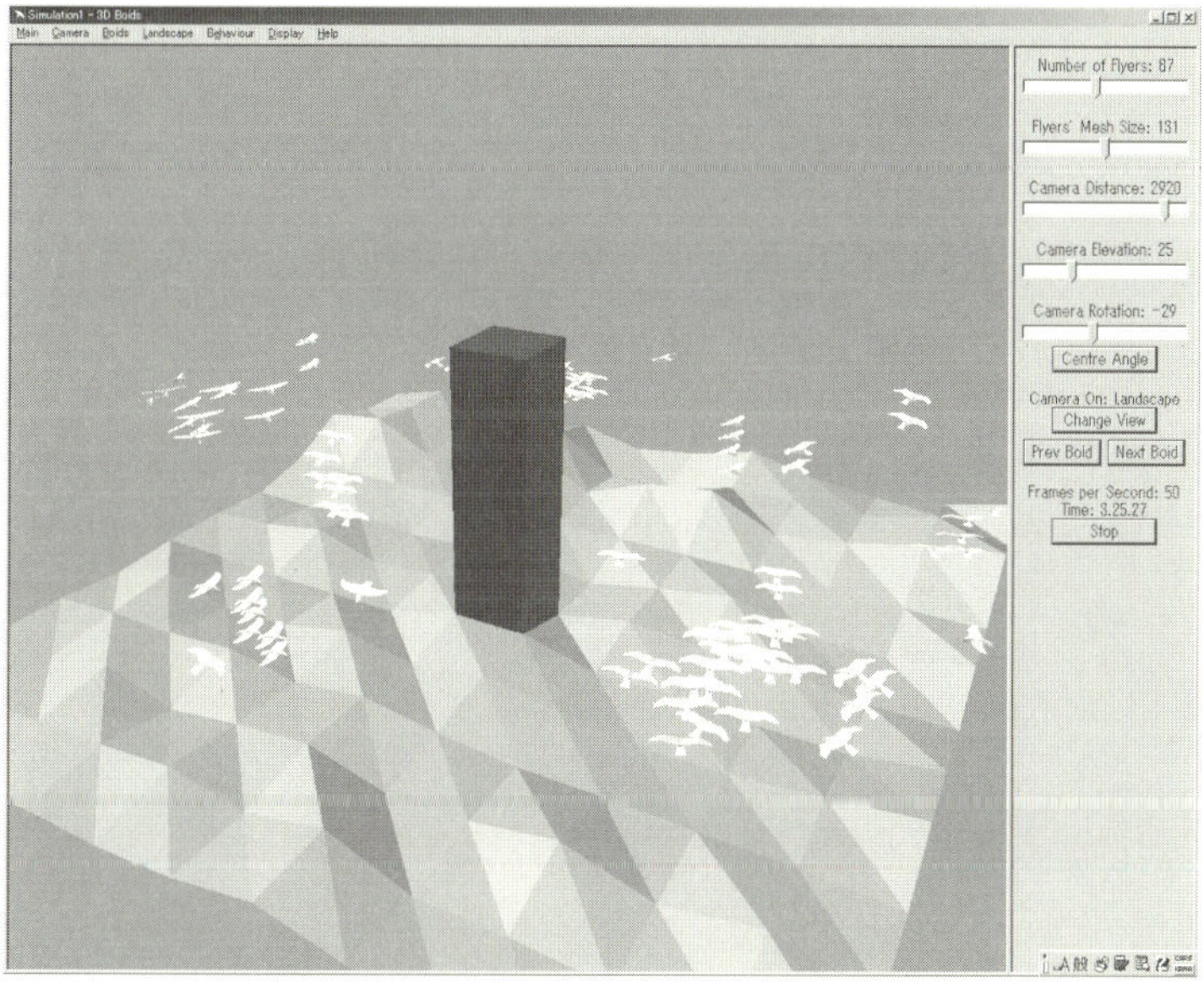

(http://www.navgen.com/3d_boids/)

とくにリーダーがいなくてもうまく群れが障害物を迂回して飛ぶ様子が見てとれる

このように単純なルールで、現実に見られるような動きが再現できるる。この結果は、とくにリーダーのような存在が群れにいなくても、単純なセミローカルルールのみで安定した群れ行動をすることができることを示唆している。

大量のイワシの群れも渡り鳥の群れも、とくにリーダーはいないと考えられている。一つ一つの個体がＢＯＩＤモデルのような単純なルールに従って行動するのはさほど難しくないと想像できるため、なぜ大量の群れがちゃんと移動できるのかという問いに対して、セミローカルルールによるメカニズムは有力な答えになっているのかもしれない。

整列飛行からバラバラ飛行に移行するパターンを再現

さらにこのＢＯＩＤモデルより単純なモデルが１９９５年にハンガリーの物理学者ビクセックらによって提案された。それは整列ルールにノイズ*を入れただけのものだ。このモデルのルールは、周囲のセミローカルな領域の中の他の個体の進む方向をすべて平均し、その方向に毎時間ステップで進む。その速度の大きさは簡単にするために常に一定としており、方角だけが変化する。方角の変化に個体差を取り入れるために、ノイズを加えて確率的に少し整列方向から変動させる。シミュレーションをすると、この変動によってより生物らしく振る舞うように見える。

＊**ノイズ**
ランダムな雑音のことで、主となる信号の中にさまざまな要因で混入する。自然界はお互い複雑に絡み合っており、必ずこの確率的に変動するノイズがつきまとう。

また、ノイズの大きさをゼロから徐々に上げていくと、はじめはちゃんと整列した群れを作っていた個体が、あるノイズの大きさから急にバラバラになることも観測された。これはまさに相転移で、ノイズの大きさを上げていくと、「整列飛行」から「バラバラ飛行」に群れの様子が相転移する。

このモデルは、実はレイノルズのBOIDモデルを参考にして考えられたものではなく、磁石をヒントにして考えられた。

磁石はそのなかに存在する電子のスピンの方向がそろっているために物を引きつけることができるが、磁石を暖めると電子のスピンの方向がバラバラになり磁石として機能しなくなるのだ。つまり、温度を上げていくと、ちゃんとスピンの方向がそろっ

図5-6　整列飛行からバラバラ飛行へ

整列飛行
ノイズを大きくしていくと…
バラバラ飛行
整列飛行をしている群れの各個体の持つ整列方向から外れようとする「ノイズ」を増やしていくと、あるところから急にバラバラ飛行をするようになります

ていた状態から、バラバラな状態に相転移することが知られている。この類推から得たモデルなのだ。

このように群れの協調的な行動が、個体の整列ルールなど単純なもので再現できるため、近年は全体のマクロな動きをミクロなルールから理解するためのさまざまな研究が進められている。

しかし、ただパターンが似ている、というだけではやはり説得力に欠ける。より鳥や魚などに特化したモデルを構築し、実際のデータとの詳細な比較をすることも大切だ。それにより、今後はモデルを通じて生物の不思議な群れ行動の解明が進むと期待される。

図5-7　鳥の群れと磁石の比較

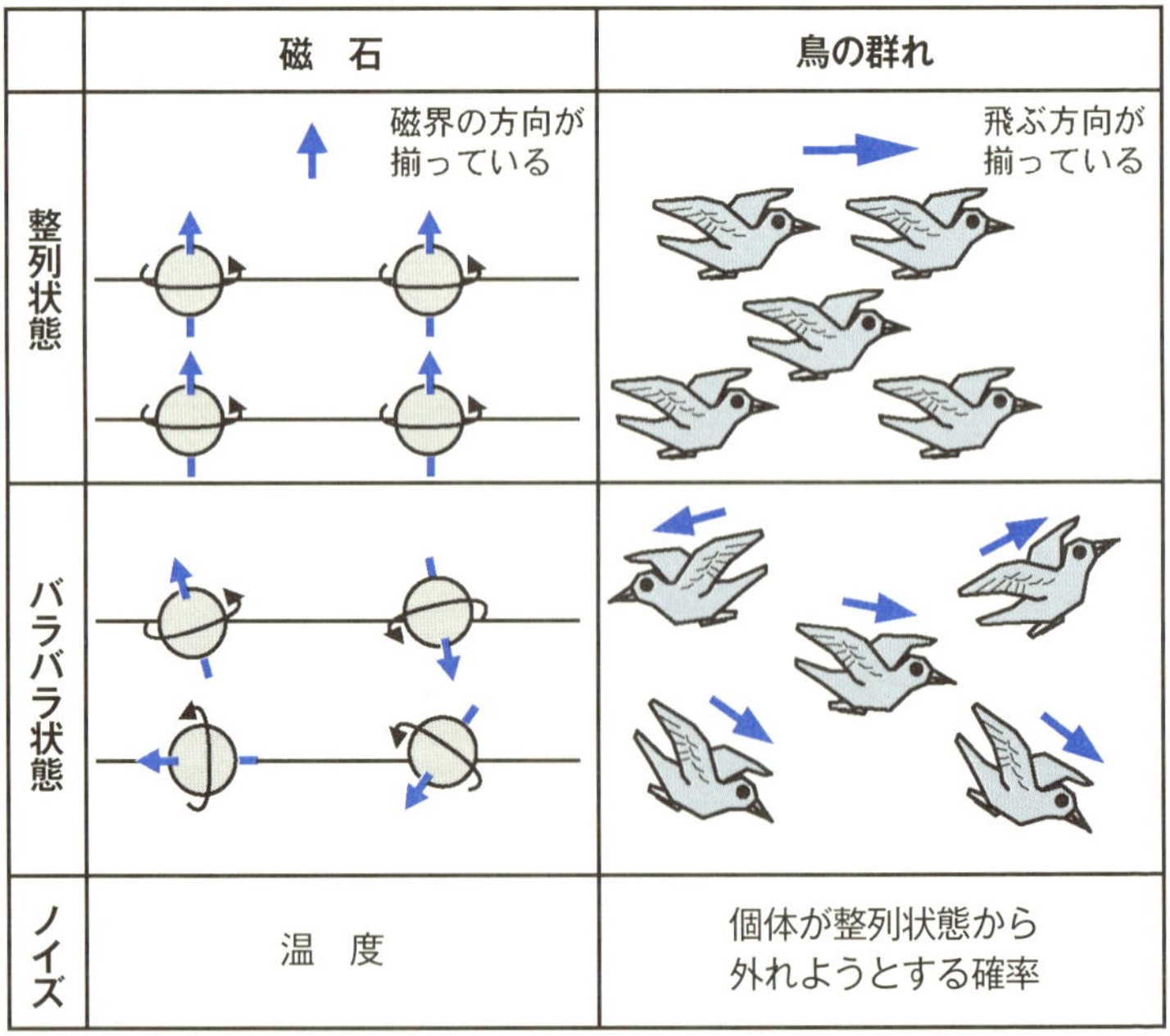

磁　石
鳥の群れ
整列状態
磁界の方向が
揃っている
飛ぶ方向が
揃っている
バラバラ状態
ノイズ
温　度
個体が整列状態から
外れようとする確率

アリの行列から学ぶ「渋滞」が形成されるしくみ

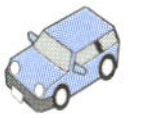

アリの行列はどのように形成されるか

アリも群れで行動するが、その特徴は何といっても行列だ。体調は普通1センチメートル程度なのに、何十メートルにもわたる長い行列を作って歩いているさまは、自然界のおおいなる英知を感じる。なぜアリはこのような行列を作ることができるのだろうか。

アリは基本的に目が見えないが、頭部についている2本の触角がいわば「鼻」の役割をしており、地面にある匂いを嗅ぎ分けながら進んでいる。アリは歩くときに腹の末端部を地面に頻繁に接触させ、フェロモンといわれるある種の化学物質を塗りつけている。その化学物質はアリの種類によって異なり、後ろから来るアリはこの仲

図5-8　アリ

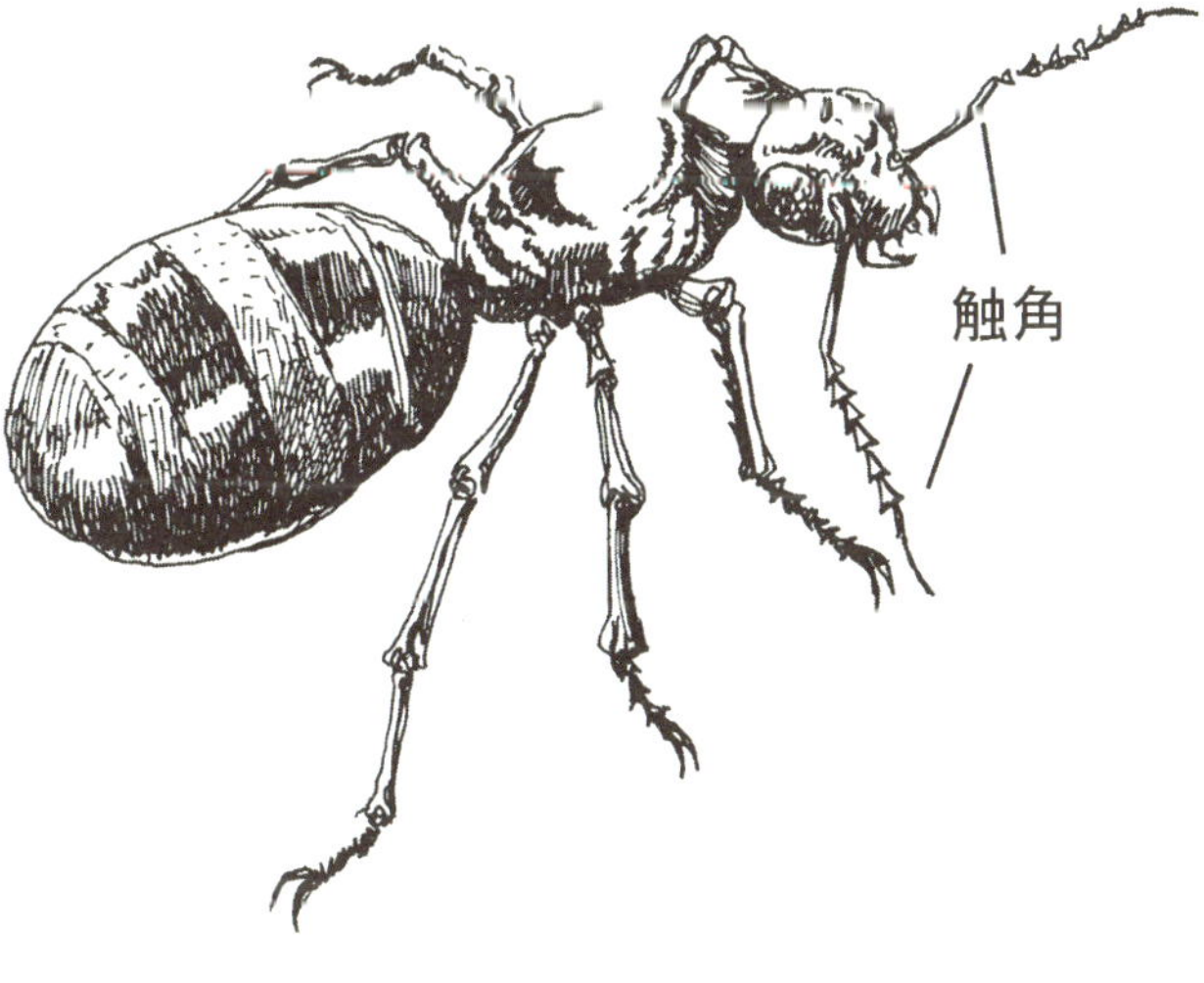

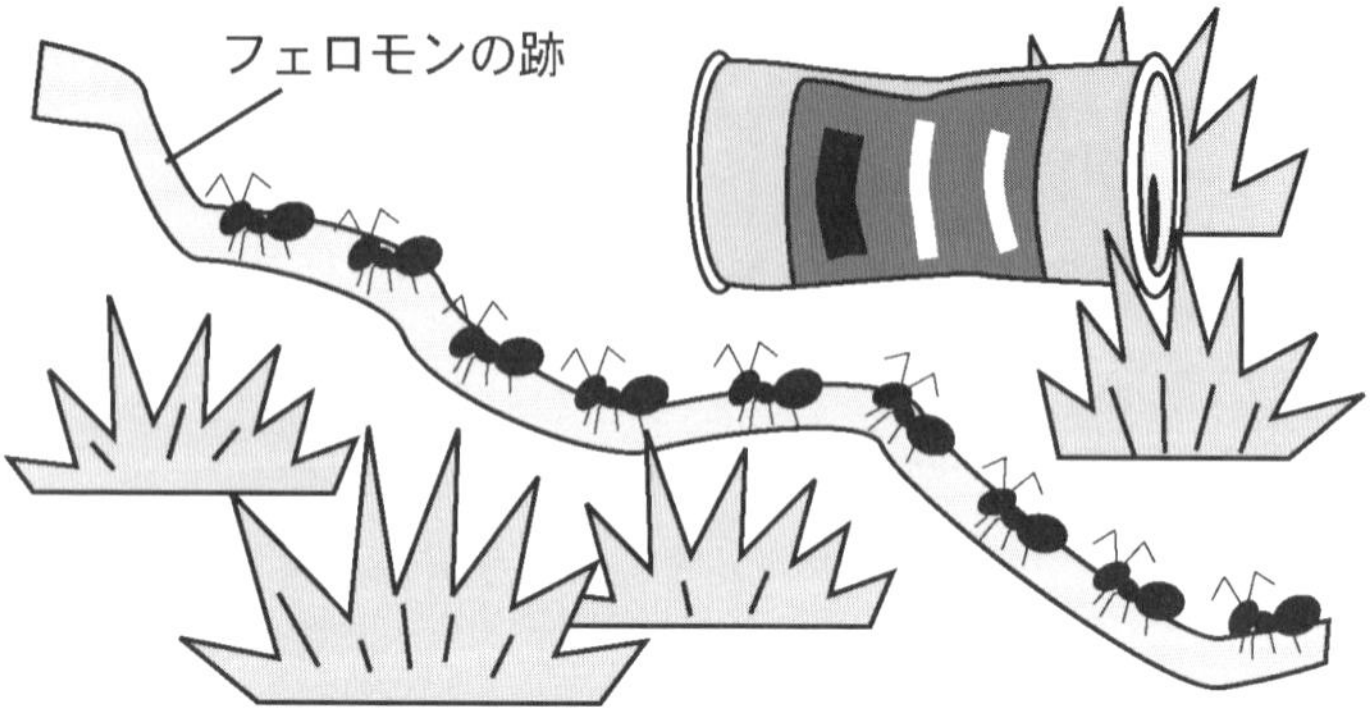

間の匂いを頼りに歩いているのだ。

フェロモンは揮発性で、通常は数分から数時間たつと蒸発してしまう。フェロモンがあるうちは順調に前に進めるが、蒸発してなくなると方向がわからなくなり、行列は崩れてしまう。このアリとフェロモンの関係は何かに似ていないだろうか。第4章でバスや電車のダンゴ運転の話をしたが、実は、まさにこのメカニズムと同じなのだ。それは、

フェロモンがある＝乗客がいない

という図式で考えるとわかりやすい。フェロモンがあれば前に動きやすいが、フェロモンがないとなかなか前に進めない。バスの場合も、バス停に乗客がいなければそこの通過時間は短くなるが、たくさん乗客がいればバス停での滞在時間は長くなる。したがってアリが進みやすいのはフェロモンがあるとき

で、バスが進みやすいのは乗客がいないときだ。するとアリはダンゴ運転をしながら動くのだろうか。この答えはフェロモンの揮発率に大きく依存する。

揮発率が低いフェロモンの場合、地面には前のアリが付けたフェロモンが残っている確率が高くなるため、アリは速く前進できる。アリがたくさんいれば、フェロモンも頻繁に出されるので、蒸発してもすぐに補われ、アリはどこでもスムースに進める。

しかしアリが少なくなると、いくら揮発率が低くても蒸発してしまう場所もわずかに出てくる。そのフェロモンがない場所ではアリはつかえてしまい、蒸発した場所以外はスムースに動いているので、後ろからどんどんアリがたまり大名行列のような状

図5-9　揮発率が低いフェロモンの場合

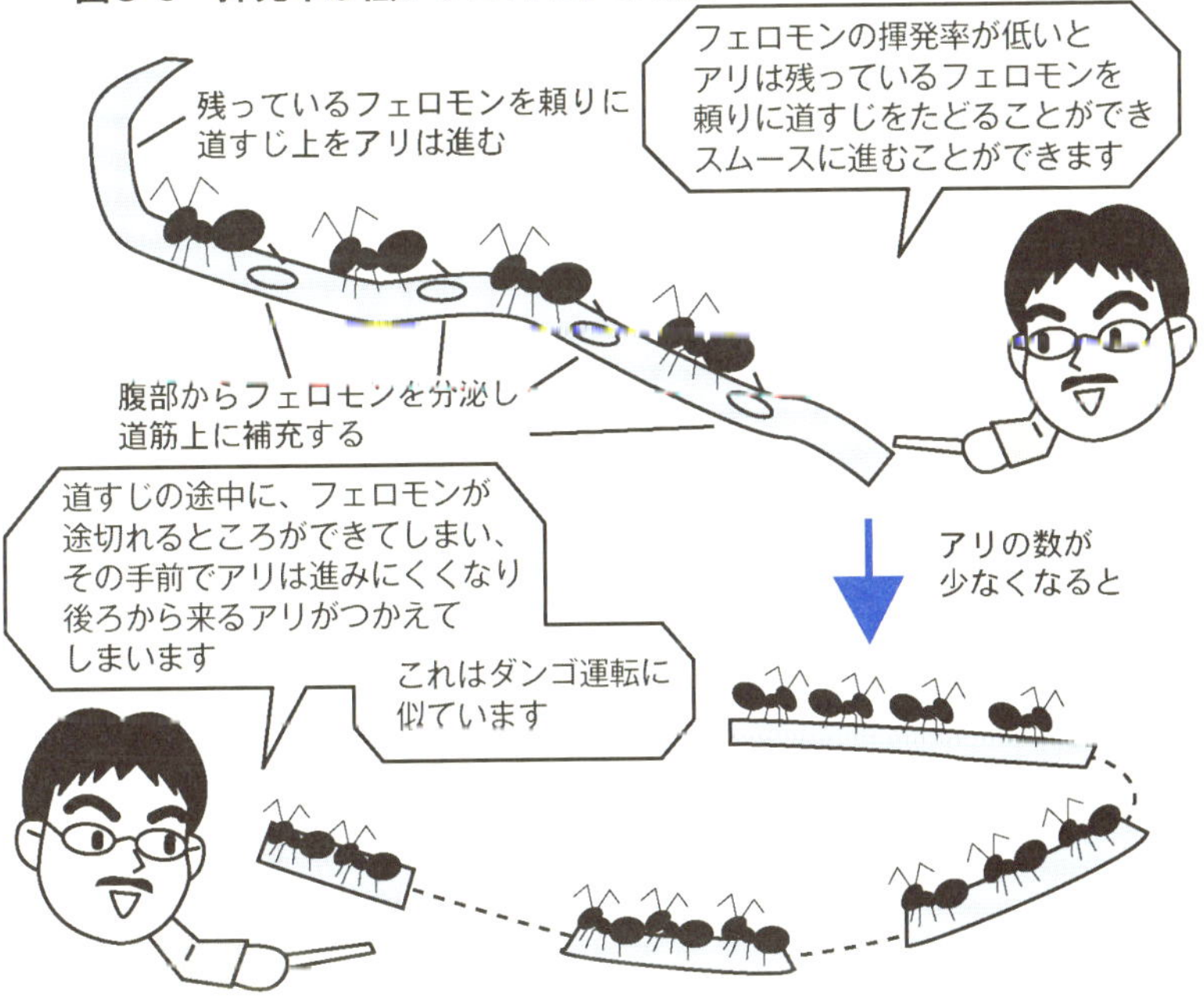
残っているフェロモンを頼りに
道すじ上をアリは進む
フェロモンの揮発率が低いと
アリは残っているフェロモンを
頼りに道すじをたどることができ
スムースに進むことができます
腹部からフェロモンを分泌し
道筋上に補充する
アリの数が
少なくなると
道すじの途中に、フェロモンが
途切れるところができてしまい、
その手前でアリは進みにくくなり
後ろから来るアリがつかえて
しまいます
これはダンゴ運転に
似ています

態になる。それと同時に、つかえたアリの前を行くアリは、低い揮発率のフェロモンのおかげでどんどん前に進めて後ろとの距離を広げてしまう。

これはまさにバスなどのダンゴ運転と同じ悪循環になっている。こうして行列の中にアリがダンゴ状態になって動いている部分が観測できるようになるだろう。

逆に揮発率が高いと、前のアリが落としたフェロモンはすぐに地面からなくなってしまうので、どのアリも前に進みにくくなり、アリ間距離を詰めるような機会は少なくなる。したがって、アリ間距離がたまたま広がっても、フェロモンがない場所がたくさんあるため、アリの速度は総じて遅くなり、大名行列はできにくい。

図5-10　揮発性が高いフェロモンの場合

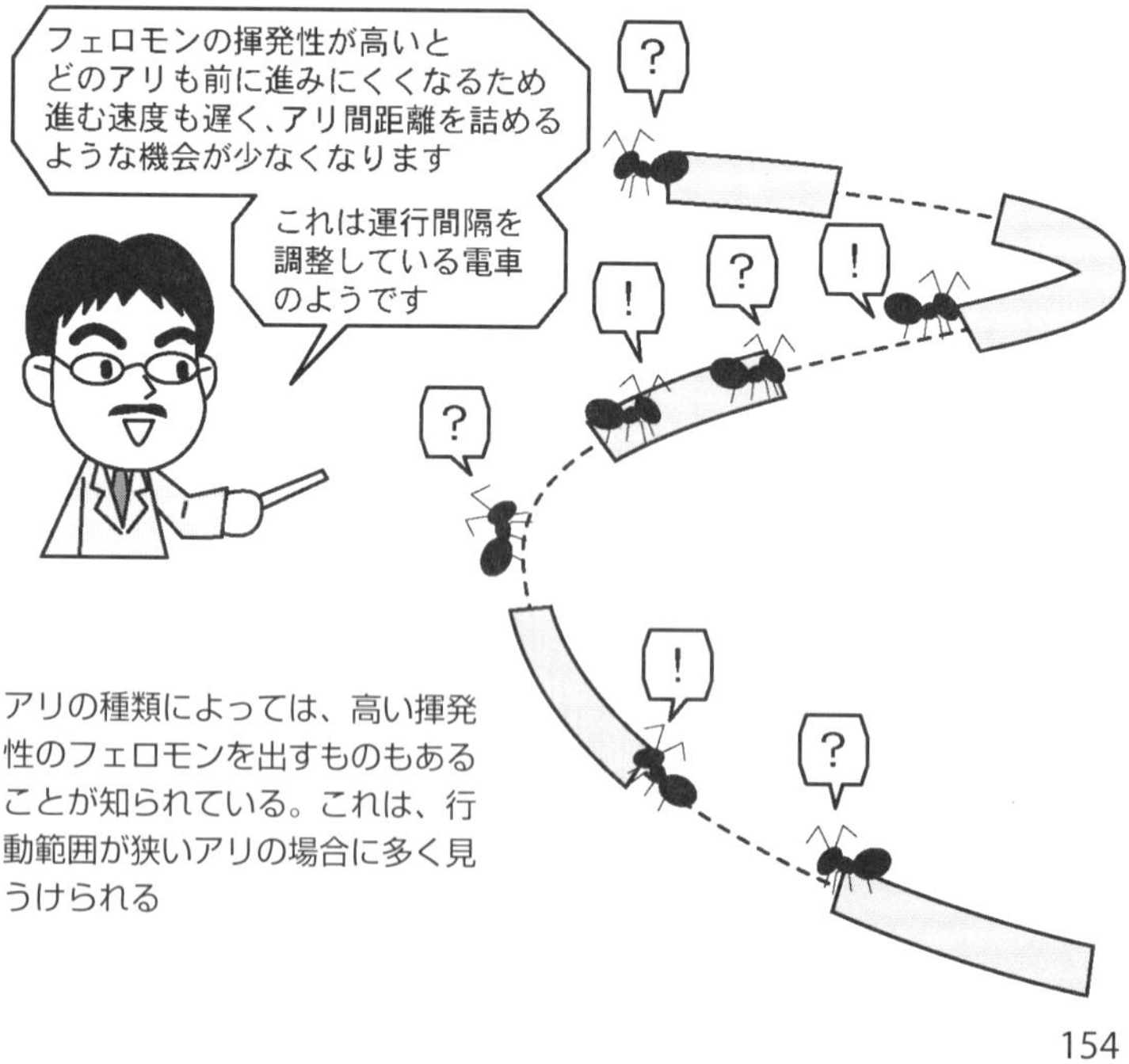
フェロモンの揮発性が高いと
どのアリも前に進みにくくなるため
進む速度も遅く、アリ間距離を詰める
ような機会が少なくなります
これは運行間隔を
調整している電車
のようです
?
!
?
!
?
!
?
アリの種類によっては、高い揮発
性のフェロモンを出すものもある
ことが知られている。これは、行
動範囲が狭いアリの場合に多く見
うけられる

このことから、揮発率が高い場合はアリの行列はダンゴ運転になりにくいと考えられる。まさにこれは、運行間隔調整のために頻繁に停止している電車などと同じ状況なのだ。

アリのダンゴ行列を再現する行動ルール

以上の考察を確かめるため、セルオートマトンを用いてアリの動きをモデル化してみよう。

アリは1本の道の上を動くとする。道はセルに区切り、各セルにはアリは最大1匹しか入れないとするのはこれまでと同じだ。アリどうしはフェロモンを用いてお互いコミュニケーションをしているので、フェロモンのルールをアリの動きのルールに追加すればよい。

アリはセルを通過するたびに常にフェロモンを通路に残していくと考え、そのフェロモンは毎時間ステップごとにある確率fで蒸発させる。またアリはフェロモンに惹きつけられるので、進行方向のセルにフェロモンがあれば確率Q、またなければ確率qで前に進む。ここで、qよりQのほうが大きい値に設定し、これによりフェロモンによる進みやすさを表す。

この単純なルールを用いてアリとフェロモンのルールをまとめると次のようになる。

①アリを動かすルール（ステージ1）

(a)前のセルに別のアリがいる場合は
　動かない。

(b)前のセルが空いている場合は
・前のセルにフェロモンがあったら、
　確率Qで前に進む。
・前のセルにフェロモンがなかったら、
　確率qで前に進む。
　（ただしQよりqのほうが小さい）

②フェロモンのルール（ステージ2）
・アリがいるセルにはすべてフェロモンを生成する。
・アリがいないセルにフェロモンがある

図5-11　アリモデルのルール

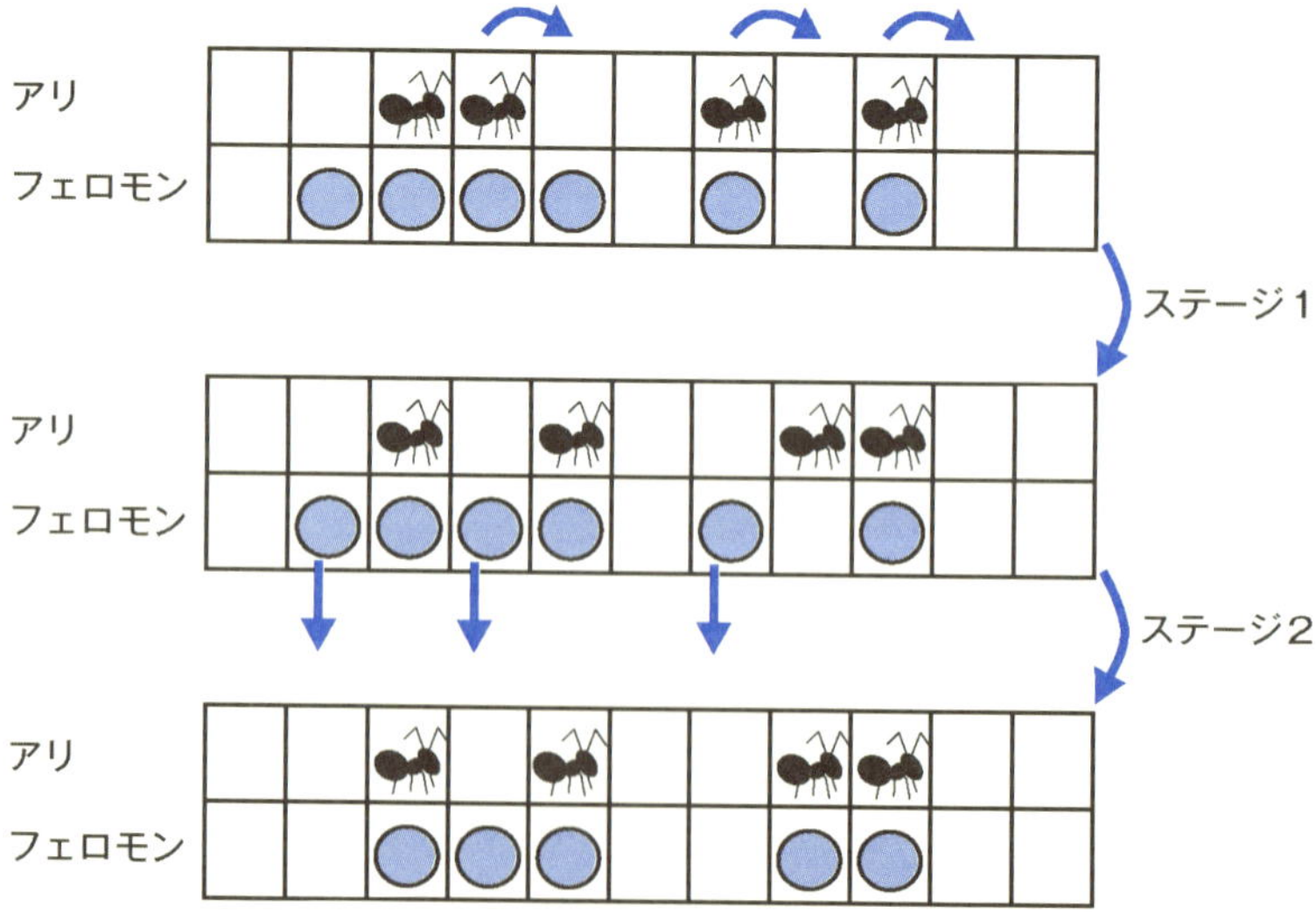

場合、確率fで蒸発する。

以上の①と②のルールを順に適用して1時間ステップとし、これを繰り返すことでアリの行進の様子を表すことができる。またアリの種類や地面の状況などは、3つの確率Q、q、fをいろいろと変えることで対応できる。

このモデルを用いてフェロモンの揮発率が高いときと低いときでシミュレーションした結果が次ページの図5 - 12だ。両者のはじめの状態はまったく同じで、アリの数は少なめにしてある。

これより、揮発率が低いときは予想どおりダンゴ運転になっており(同図①)、揮発率が高いときはダンゴにはならず、ほぼ等間隔を保っていることがわかる(同図②)。

モデルによってもアリのダンゴ運転の様子がフェロモンの揮発率に依存することが確かめられたが、実際にいろいろなアリの行進を見ても、ちゃんと等間隔で進んでいるわけではない。ダンゴになって動いている状態も容易に観測できる。これにはさまざまな理由があると思われるが、このようなフェロモンに由来するメカニズムが働いている場合もあるのではないかと想像できる。

図5-12　フェロモンの揮発率による行列のでき方の違い（時空図）

①揮発率が低い場合（$f = 0.002$）

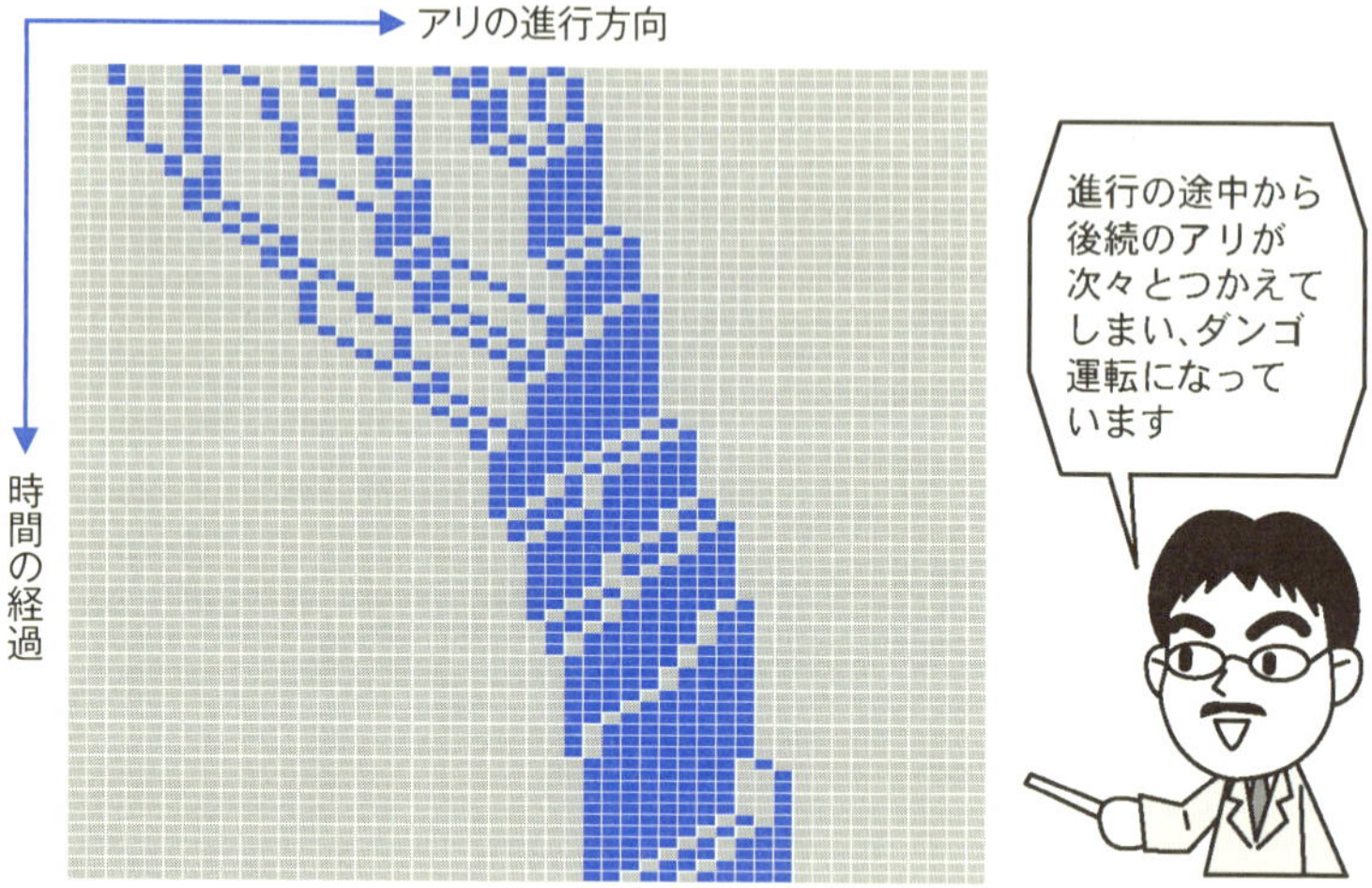
アリの進行方向
時間の経過
進行の途中から
後続のアリが
次々とつかえて
しまい、ダンゴ
運転になって
います

②揮発率が高い場合（$f = 0.8$）

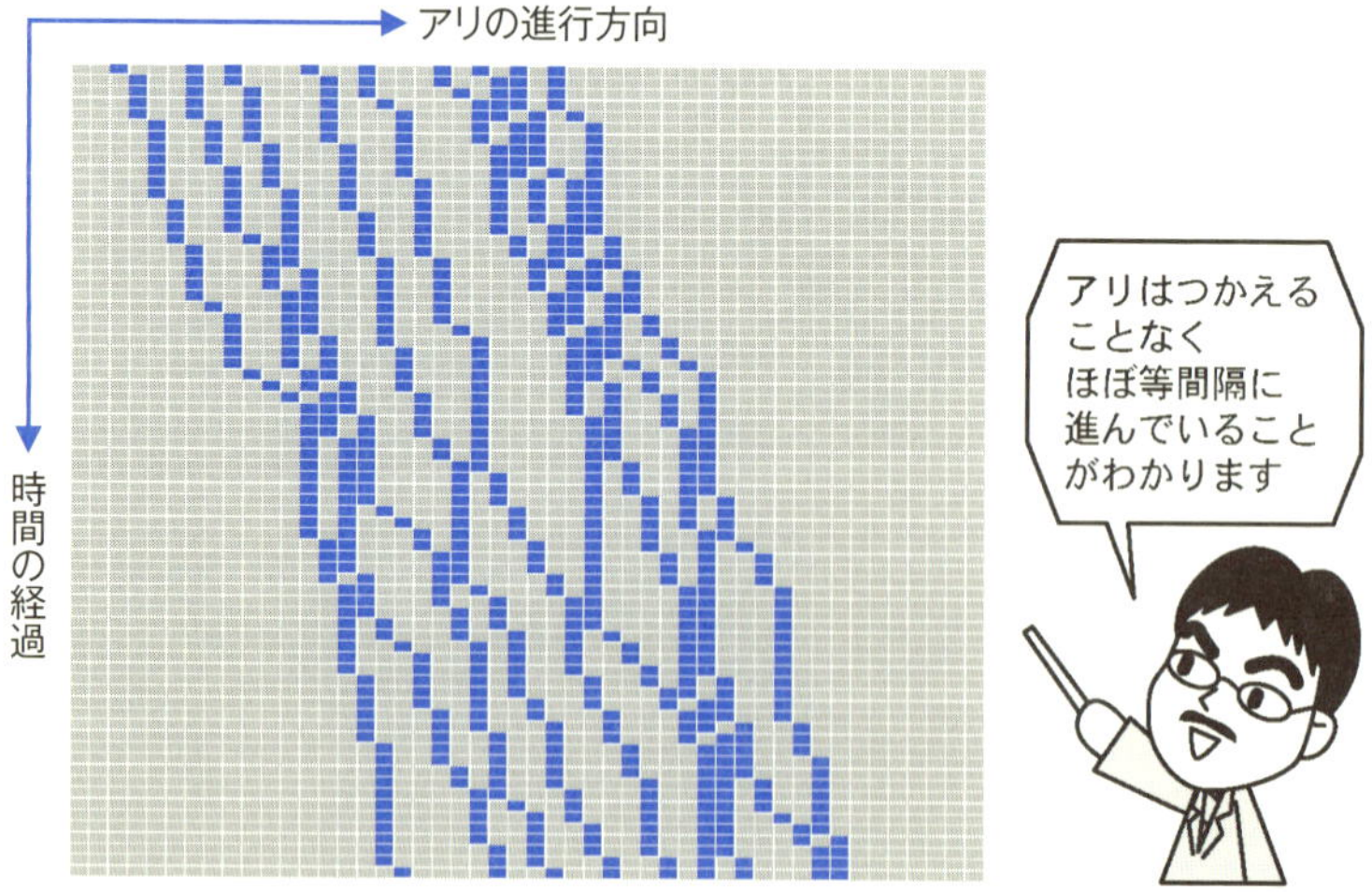
アリの進行方向
時間の経過
アリはつかえる
ことなく
ほぼ等間隔に
進んでいること
がわかります

アリは混んでくると速くなる?

次に渋滞学で重要な基本図を描いてみよう。ただし、アリの通り道はサーキット状になっているとして、グルグル回るアリの流量を、密度を変えながら調べた。揮発率をf＝0・005と低くした場合の結果が次ページの図5-13だ。あわせて速度図も載せた。

この結果から、やはりアリもある程度数が多いと流量が低下して渋滞になることがわかる。ただし車のような準安定状態はない。その理由はやはり人と同じく、アリは慣性効果が少ないために、加減速が容易だからだと考えられる。

また、フェロモンの効果により、車や人の基本図には見られない新しい特徴があることがわかる。それは、基本図のカーブが単純な山形ではなく、低密度側でかなり湾曲していることだ。この部分のからくりは速度図を見たほうがわかりやすい。速度図によれば、驚くべきことに、平均速度が密度の増加に伴って増加している部分がある。もちろん人や車の速度図はいつも右下がりで、混んでくれば遅くなるのは当然だ。しかしアリはある密度の範囲では、混んでくると速くなる、というのだ。このために基本図が異常に湾曲している。これはいったい何が起きているのだろうか。

図5-13　サーキットコースでアリの行列をシミュレートした結果

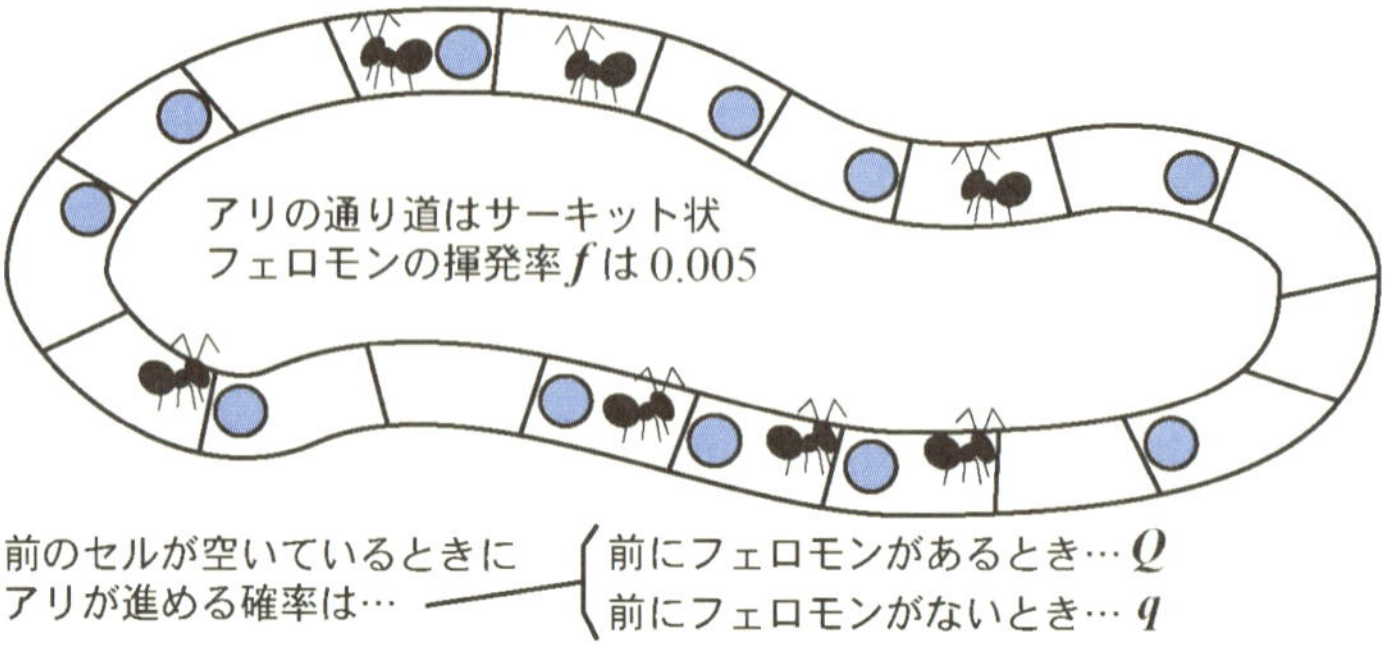

アリの通り道はサーキット状
フェロモンの揮発率fは0.005
前のセルが空いているときに
アリが進める確率は…
前にフェロモンがあるとき…Q
前にフェロモンがないとき…q

①基本図

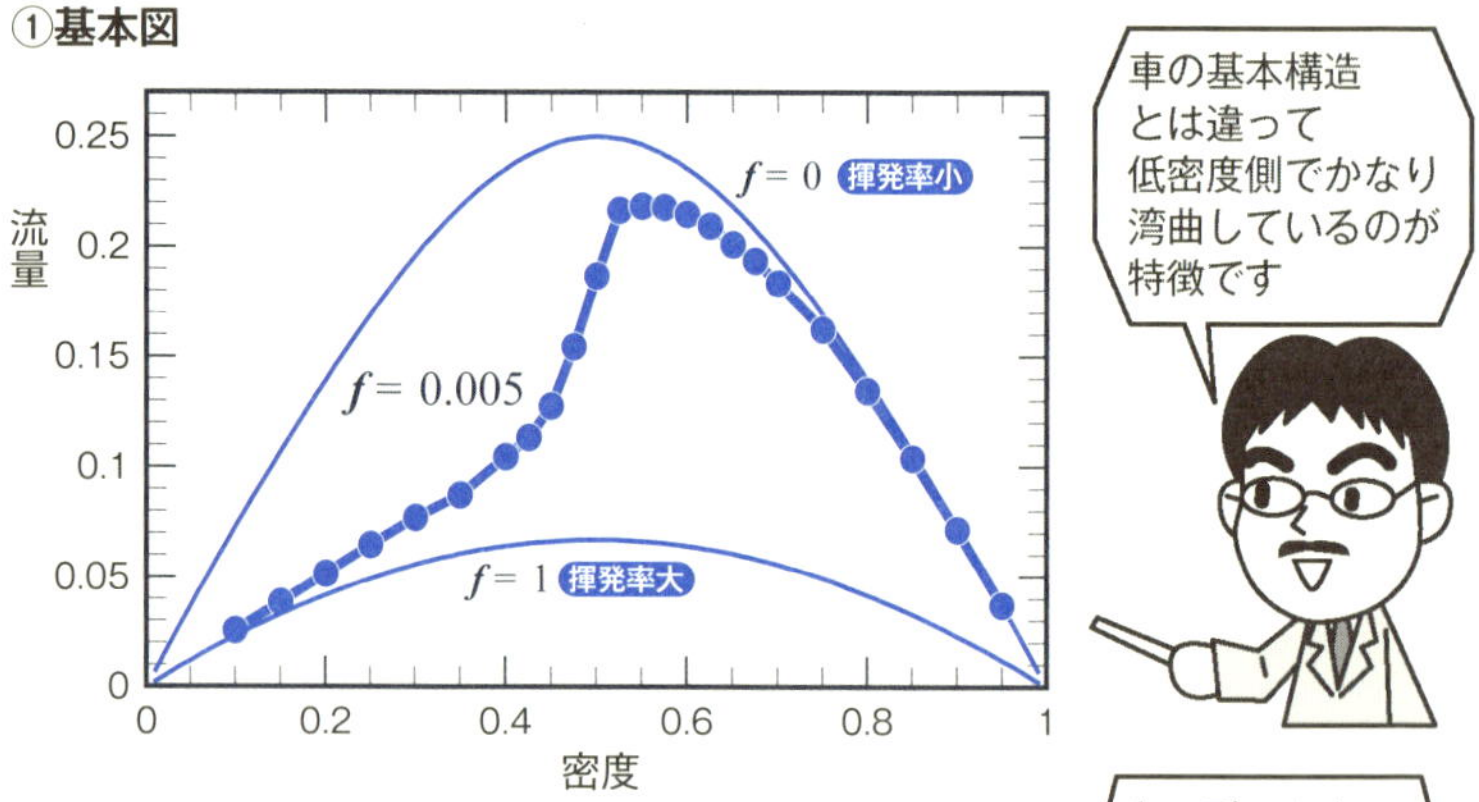

流量
0.25
0.2
0.15
0.1
0.05
0
0.2
0.4
0.6
0.8
1
密度
f = 0 揮発率小
f = 0.005
f = 1 揮発率大
車の基本構造とは違って低密度側でかなり湾曲しているのが特徴です

②速度図

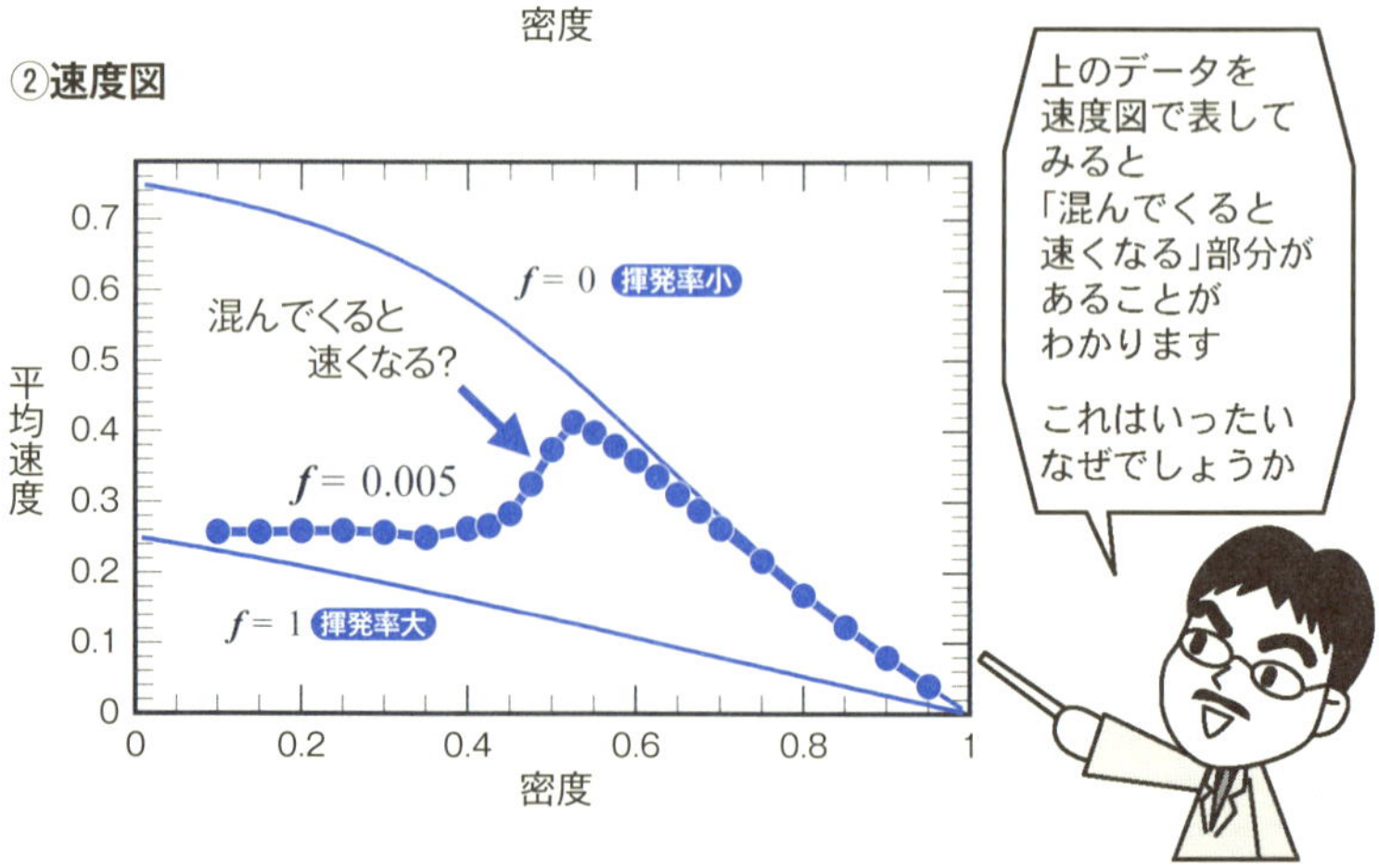

平均速度
0.7
0.6
0.5
0.4
0.3
0.2
0.1
0
0.2
0.4
0.6
0.8
1
密度
f = 0 揮発率小
混んでくると速くなる?
f = 0.005
f = 1 揮発率大
上のデータを速度図で表してみると「混んでくると速くなる」部分があることがわかります
これはいったいなぜでしょうか

このシミュレーションはサーキット状になっている道での結果である、ということを思い出そう。そうするとこの謎も解けてくる。まず、揮発率が低いので、アリは低密度のときはクラスター化してダンゴ状態で動くのだった。そうすると、ダンゴ状態の先頭のアリはフェロモンがない状態で進むので、小さい確率qで動き、その後ろのアリたちはフェロモンがあるために大きい確率Qで動けて後にぴったりとくっついていく。

この状態でアリの密度が増えていくと、ダンゴ運転の長さがどんどん長くなってくる。このように非常に大きな大名行列ができてくると、道はサーキット状に丸くなっているため、ダンゴ状態の先頭のアリと末端のアリとの間隔が逆に短くなってくる。

これにより新しい特徴が現れてくる。それは、

図5-14　車には見られないアリの渋滞の特徴

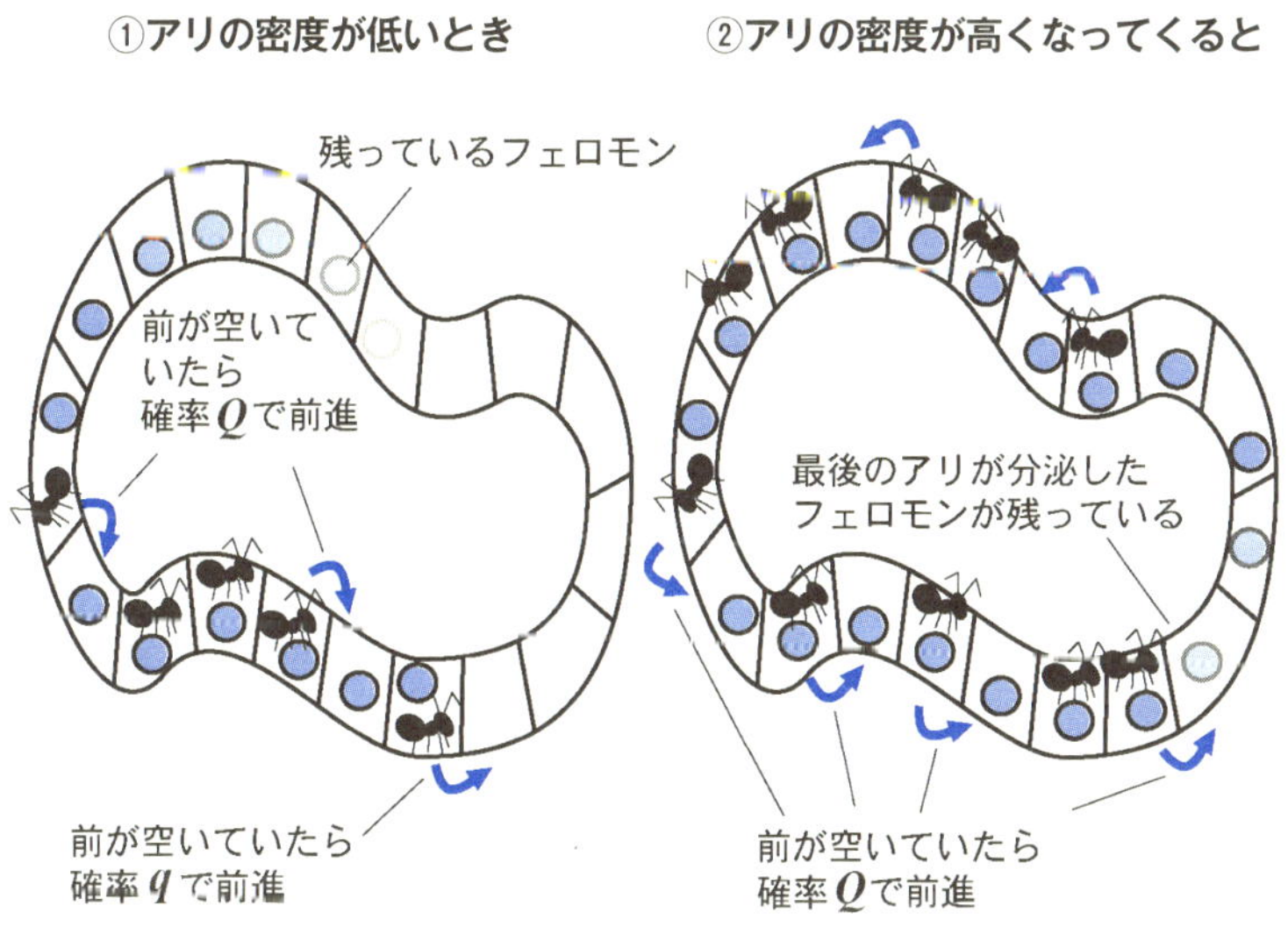
①アリの密度が低いとき
②アリの密度が高くなってくると
残っているフェロモン
前が空いていたら確率Qで前進
前が空いていたら確率qで前進
最後のアリが分泌したフェロモンが残っている
前が空いていたら確率Qで前進

ダンゴ状態の最後のアリが落としたフェロモンを、先頭のアリが蒸発する前に見つけることができるようになる、ということだ。したがって、先頭のアリはそれまで確率qで動いていたのが、大きな確率Qで動けるようになってくる。

これが密度上昇による平均速度上昇の原因だ。そしてダンゴ状態のかたまりがサーキット全体を覆うと、再びアリどうしの排除体積効果により、通常の車と同じ渋滞が発生する。このように、フェロモンの効果によって低密度側で車とは異なる渋滞が見られるのがアリの特徴だ。

アリの行列から学ぶもの

この現象の応用として、たとえば山手線などの環状線では、全部の列車の本数がある程度以上あったほうが平均速度が上がることがわかるだろう。

少なすぎるとダンゴ運転になり、多すぎると普通に渋滞する。適当な本数のときに流量が最大になり、その少し手前の密度では、アリと同じように本数を増やせば平均速度が上がることも想像できる。この考察は揮発率が低い、つまり各駅で乗客が少ない時間帯の場合によく当てはまるだろう。

またこのアリのモデルは、実は、人のモデルの動的フロアフィールドとも同じなのだ。人の場合、フロアに足跡を残して、その足跡を追って動くというモデルだった。しかも、その足跡はしばらくすると消すように設定してあるため、足跡である動的フロアフィールドはまさにフェロモンと同じ役割を果たしている。そういった意味では人もグローバルな情報、つまり静的フロアフィールドがないときには、足跡を見失うとやはりダンゴ運転状態になることがわかる。知らない土地でガイドの人を頼りに皆でゾロゾロ歩いているような状況を想像してもらえればよい。アリの交通はまさにこのような状態なのだ。

　このように分野を超えてさまざまな比較ができるのが渋滞学の醍醐味で、アリから学ぶことは大変多いのだ。

図5-15　アリモデルとフロアフィールドモデルの類似点

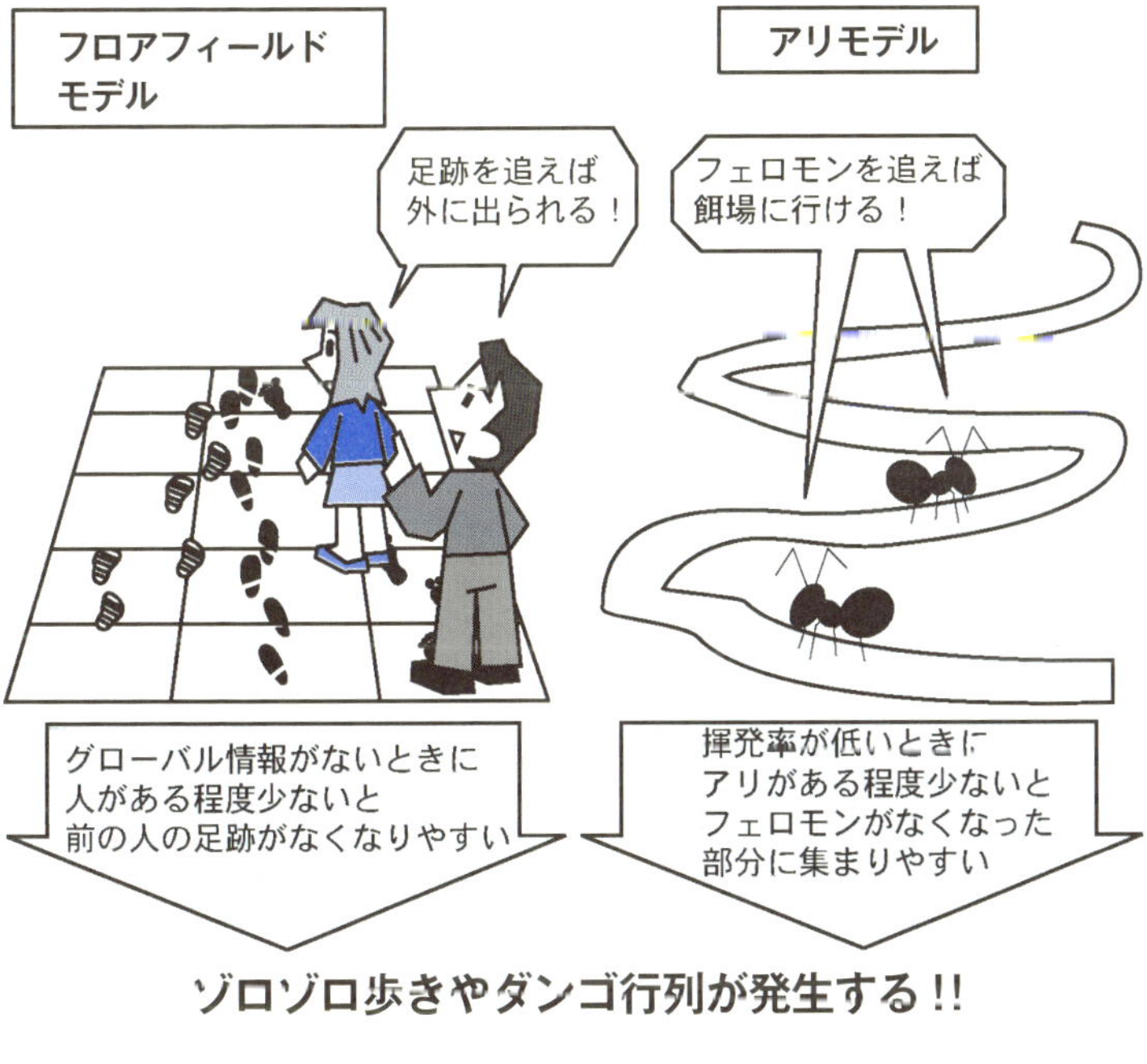

フロアフィールドモデル
アリモデル
足跡を追えば外に出られる！
フェロモンを追えば餌場に行ける！
グローバル情報がないときに人がある程度少ないと前の人の足跡がなくなりやすい
揮発率が低いときにアリがある程度少ないとフェロモンがなくなった部分に集まりやすい
ゾロゾロ歩きやダンゴ行列が発生する!!

渋滞学の手法で「創発」を解明する

個々が協調しあうと、全体に新しい機能が現れる

これまで動物の群れの興味深い振る舞いを見てきたが、この章の最後に、集団の知性について考えてみたい。

それをいい表すキーワードが「創発」だ。これは近年の複雑系科学でよく使われている用語だが、もともとは社会心理学の分野でかなり以前から研究されてきた概念だ。

社会心理学での定義は、

創発とは、部分が集まってできた全体が、単なる部分の総和とは質的に異なる、高度なシステムになる現象のこと

となっている。わかったようでわからないような定義だが、具体的には以下のような例が挙げられる。

①　脳。ミクロには神経細胞の集まりで、その一つ一つは比較的単純な振る舞いしかしないが、その集合体である脳は高い知能を示す。

②　アリの群れ。女王アリは個々の兵隊アリに逐一命令を出しているわけではないが、全体として統制のとれた秩序が存在する。そして個々のアリの行動は、餌を蓄えるなどの全体の目的にきちんと調和している。

③　粘菌。これは単細胞のアメーバ状の生物であり、思考力はないはずなのだが、迷路の中に置かれると、しばらくして入り口から出口までの最短ルートに広がることが知られている。

④　イワシなどの魚の大群。これらは全体としていっせいに動きを合わせて方向転換などができる。こうして群れ全体が大きな生物のような姿になり、捕食者を驚かせて身を守る。

このような例では、全体を見渡して指令を出しているような存在はないのに、なぜか個々の要素が協調しあって、全体が機能を持ったように統制されているような動きを示す。これこそが、定義で述べている「部分の集まりによって全体がその単なる総和以上に高度化する」という意味だ。

図5-16　生物界に見られる創発の例

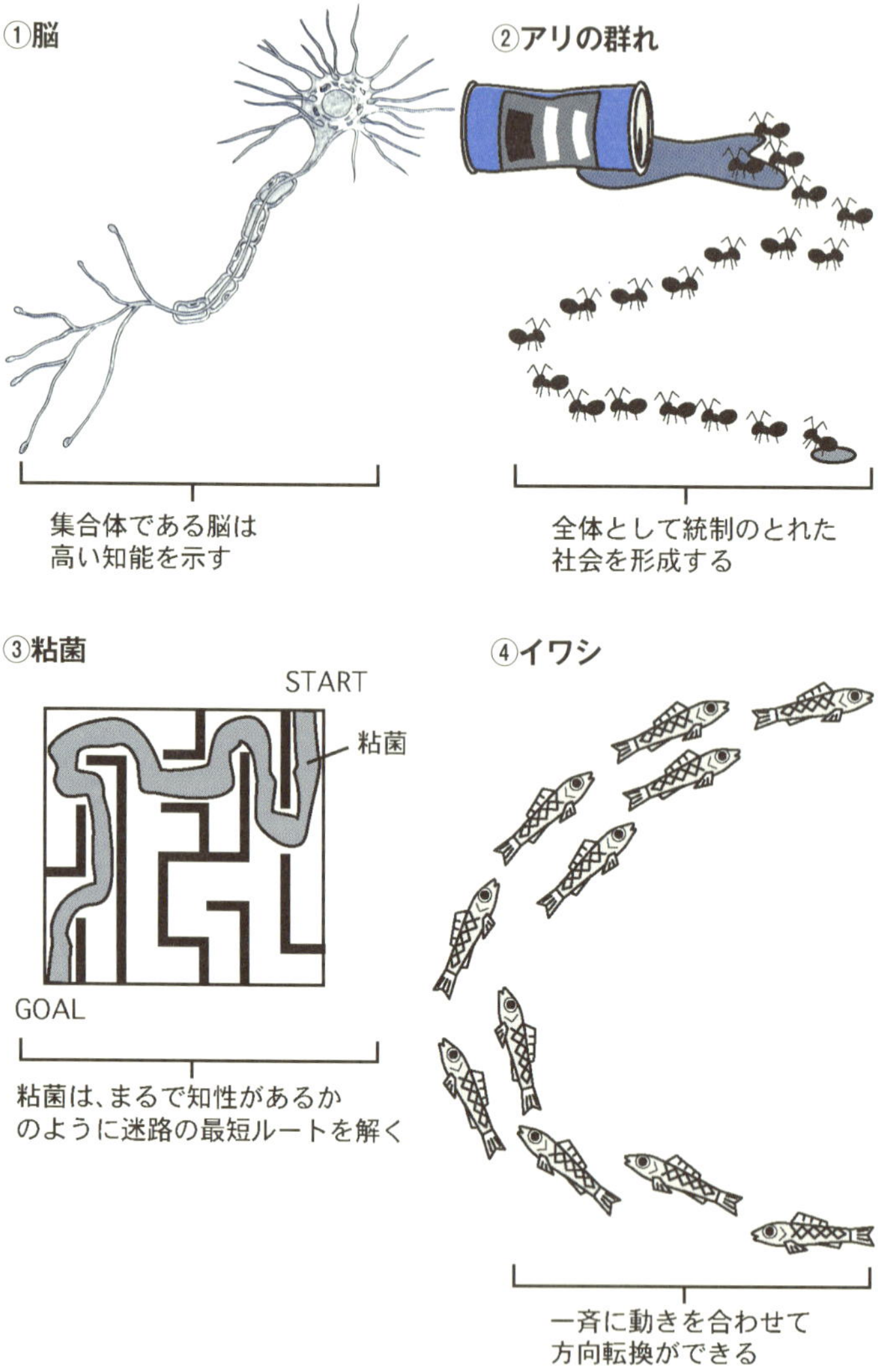
①脳
集合体である脳は
高い知能を示す
②アリの群れ
全体として統制のとれた
社会を形成する
③粘菌
START
粘菌
GOAL
粘菌は、まるで知性があるか
のように迷路の最短ルートを解く
④イワシ
一斉に動きを合わせて
方向転換ができる

そしてここに挙げた例は、すべて自己駆動粒子が集まって創発を起こしているということに注目してほしい。自己駆動粒子の集団には、全体としてこのような高度な知性が誕生する可能性があるのだ。

創発はいつ、どのように生まれるか

それでは、創発はいつ生まれるのだろうか。まず、社会心理学では、実は創発はなかなか生じないと考えられている。

　何人かで集まってプロジェクトを立ち上げると、そのプロジェクトの成果は、最優秀メンバーの水準にはなかなか到達しないといわれている。この理由は「プロセスの損失」という言葉で説明され、優秀メンバーに他のメンバーがただ乗りすることによる手抜きが起こるという理由が考えられる。

　また、お互いの能力や行動がうまく相互に調整できないことで、逆にまとまった力が発揮できないことなどが挙げられる。これは、皆でうまくタイミングを合わせて引けない綱引きのようなもので、全員がバラバラに引くと個人の力の和以下になってしまい、かえってうまくいかなくなるのだ。自己駆動粒子の集団も、個々が勝手に行動すればバラバラのままで創発は起きにくい。

今度は本章で紹介したビクセックの単純なモデルを思い出してみよう。ノイズが大きいときは行動が乱雑になり、たしかにその向いている方向はバラバラだった。しかしノイズレベルを下げていくと、急に方向がそろって群れ全体が生き物のようにそろって動く。これこそ創発が起こったと解釈できる例だ。全体を指揮するものはなくても、急に全体が歩調をあわせて行動するのだ。

創発を起こすためには、ある種の、部分間の相互作用が必要だ。個体と個体との関係を通じて、だんだん全体的な秩序や構造が生まれてくる。お互いを確認しあいながら徐々に全体ができあがっていくときに、外から見て、あたかも全体の統制がとれているようになっていれば「創発が生まれた」というのだ。

創発と比較して、これまで出てきた相転移という言葉を考えてみよう。どちらもマクロなシステムの変化の様子を表す言葉だが、その意味合いはやや異なる。

水の氷への変化を考えればわかるとおり、ミクロな水分子の振る舞いが、温度の変化によって急にがらりと全体として変わるのが相転移だ。ここで重要なのは、相転移は科学的にきちんと定義されている言葉で、しかも原理的に計算可能な概念であるということだ。つまり、誰でも数式のトレーニングをすれば、相転移しているかどうかを曖昧さなく判定できる。

図5-17　創発が生まれにくい例、生まれる例

①創発が生まれにくい例

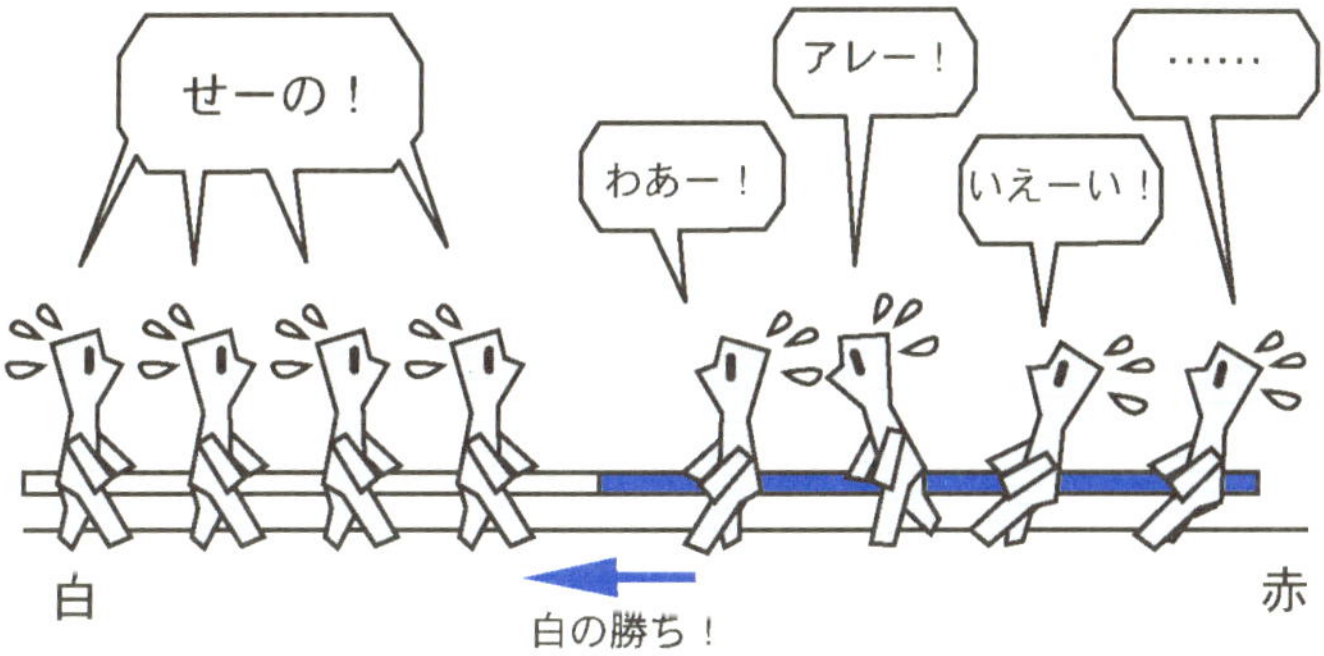

せーの！
わあー！
アレー！
いえーい！
……
白
赤
白の勝ち！

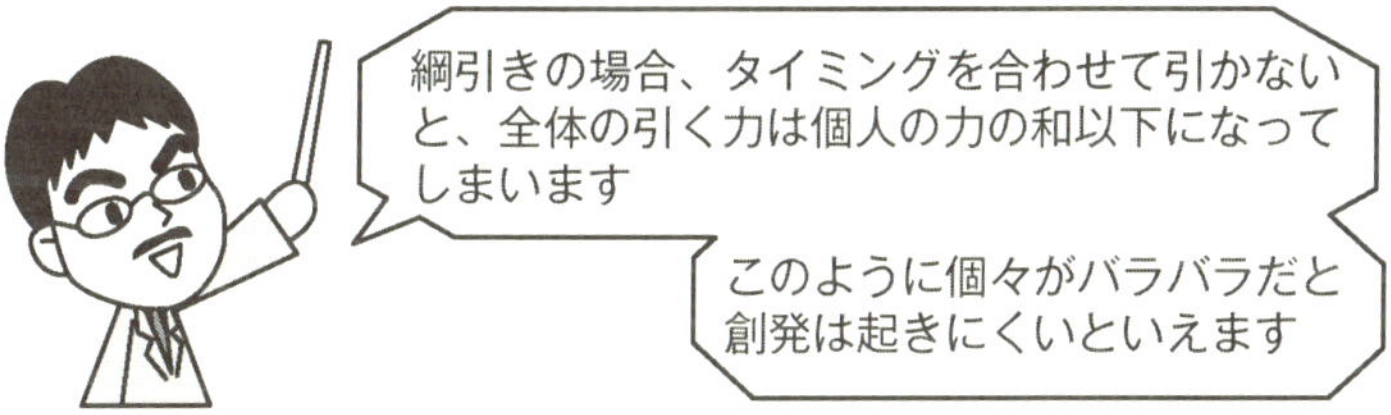

綱引きの場合、タイミングを合わせて引かないと、全体の引く力は個人の力の和以下になってしまいます
このように個々がバラバラだと創発は起きにくいといえます

②創発が生まれる例

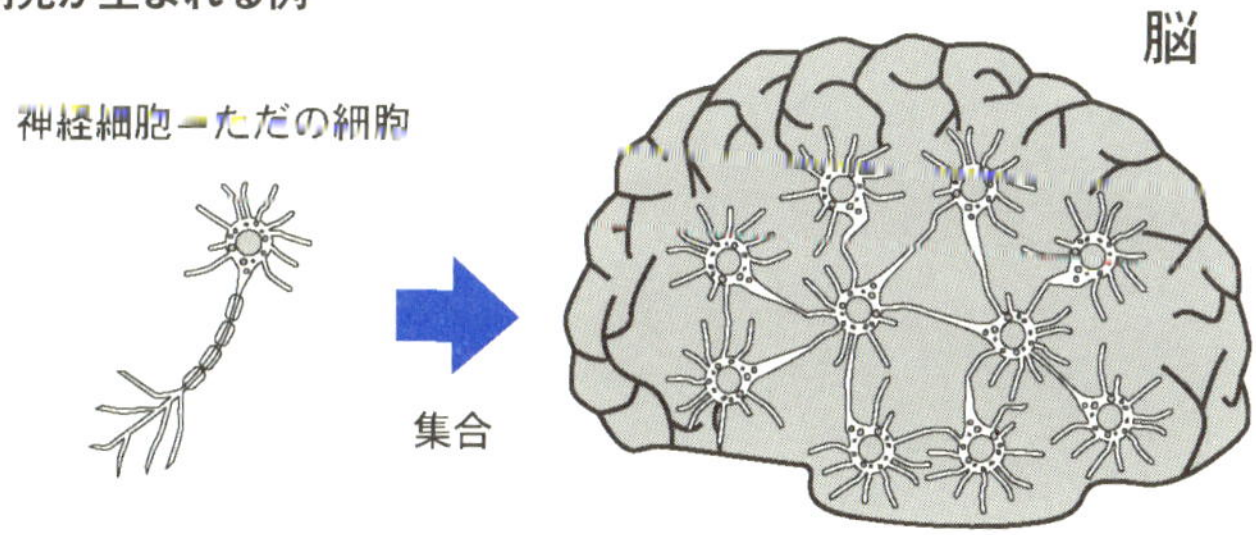

神経細胞＝ただの細胞
集合
脳

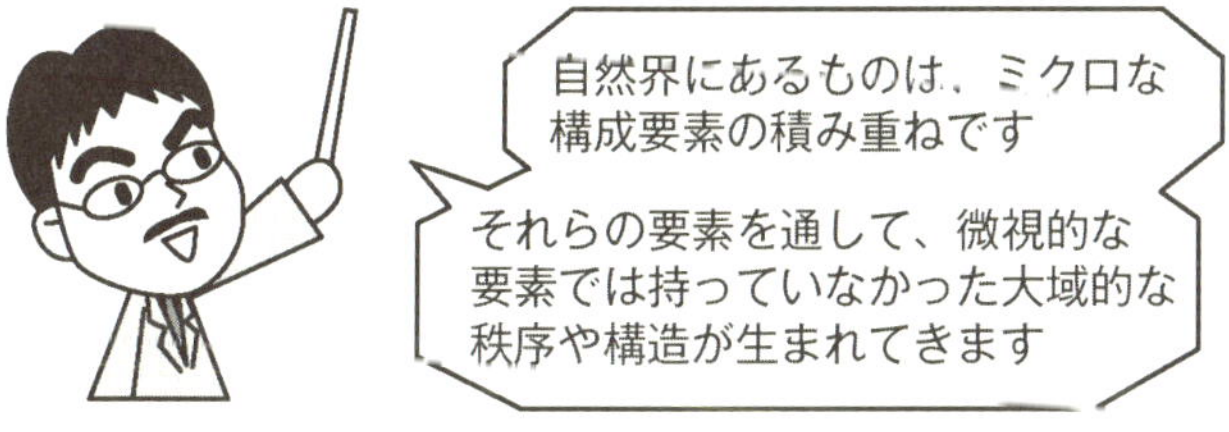

自然界にあるものは、ミクロな構成要素の積み重ねです
それらの要素を通して、微視的な要素では持っていなかった大域的な秩序や構造が生まれてきます

これに比べて創発は科学的には未定義語といってもよい。感覚的にはその意味をわからないわけでもないが、科学的とは、誰が判断しても同じになるような厳密な判定基準があるということだ。

自然言語*を用いただけの前述の定義では、どうしても曖昧さが残る。「高度な」というのは誰がどう判断するのか。水が氷になる相転移の場合は、そのままでは「高度になった」といえないため、創発とはいえないのはわかる。

しかし脳の例のようなわかりやすいケース以外では、人によっては、これは高度だ、と思わないかもしれない。このような価値判断が入るために、客観的な創発の判定は難しいのだ。

図5-18　創発を科学的に定義する難しさ

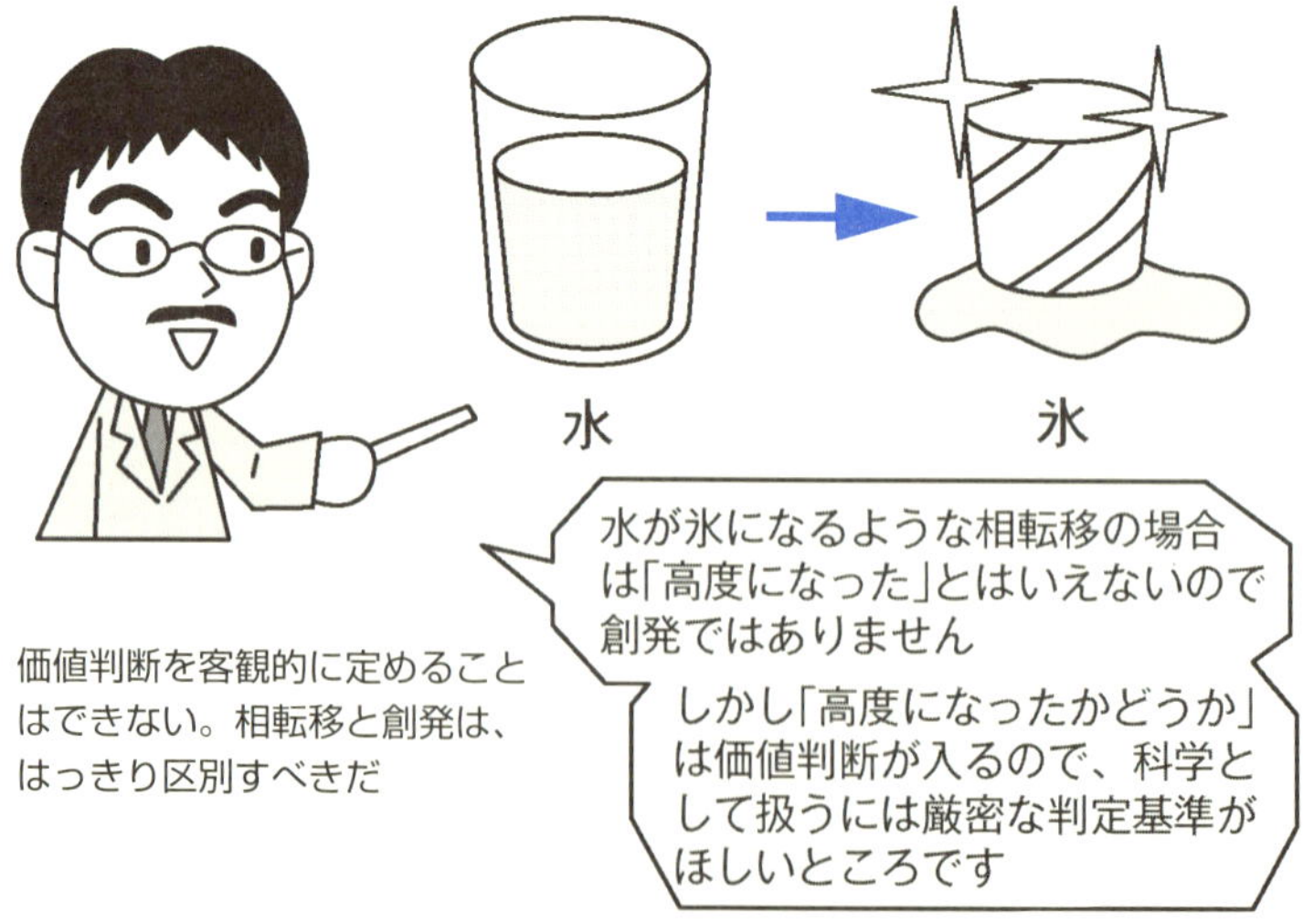
水
氷
水が氷になるような相転移の場合は「高度になった」とはいえないので創発ではありません
しかし「高度になったかどうか」は価値判断が入るので、科学として扱うには厳密な判定基準がほしいところです
価値判断を客観的に定めることはできない。相転移と創発は、はっきり区別すべきだ

＊自然言語
私たちが日常で使っている言語のことであり、これに対して数式やプログラムなどは形式言語といわれる。自然言語では文法は自然発生的に生まれたもので例外も多いが、形式言語はすべての規則が明確に定められている。

創発をヒントに、ボトムアップ方式による渋滞解消

創発をさらに分析するために、重要なキーワードを紹介しよう。

それはシステムの統制の方法について、全体の統制を中央で行うトップダウン方式と、各構成員の自主的判断に任せるボトムアップ方式の2種類があるということだ。

たとえばトップダウン方式には、コンピュータにおける中央処理装置（CPU）があり、コンピュータの全体をCPUがうまくクロック周波数でタイミングをとりながら統制している。また、航空機の運行では、航空管制がトップダウン方式だ。管制官がモニターに映る航空機全体を見渡して各航空機に指示を出し、航空交通の全体を統制している。要するにこれらは中央が全体を把握し、適切なタイミングで指示するシステムだ。

これに対してボトムアップ方式は、最近研究が進んでいるCPUのクロックによる全体の統制がないコンピュータや、先ほど例に挙げた生物の集団行動などがある。

この2つの方式にはそれぞれ長所短所があるが、一般にトップダウン式のほうが好まれており、また実際にもやりやすい。しかしトップダウン方式のシステムのままでは限界にきているものもたくさんある。たとえば日本上空を飛ぶ飛行機は、全部でも

1日3000便程度なのだが、航空管制はもはや管制官をギリギリのところまで追い詰めており、その管制は並大抵の労力ではない。

その他、都市交通の信号システムなどもそうだ。各信号機付近にある交通量感知器から届くリアルタイムなデータを、まず中央の交通管制センターへ送る。それからまた各信号機に赤や青の適切な切り替えタイミングの指示を出す、という集中制御システム方式をとっているところが多い。

しかしどうしても時間遅れが生じてしまい、交通管制センターから信号機に指示が届くのは、現在のシステムではデータを送ってから約5分後といわれている。したがって交通量が急激に増える朝夕の幹線道

図5-19　信号機の集中管理の問題点

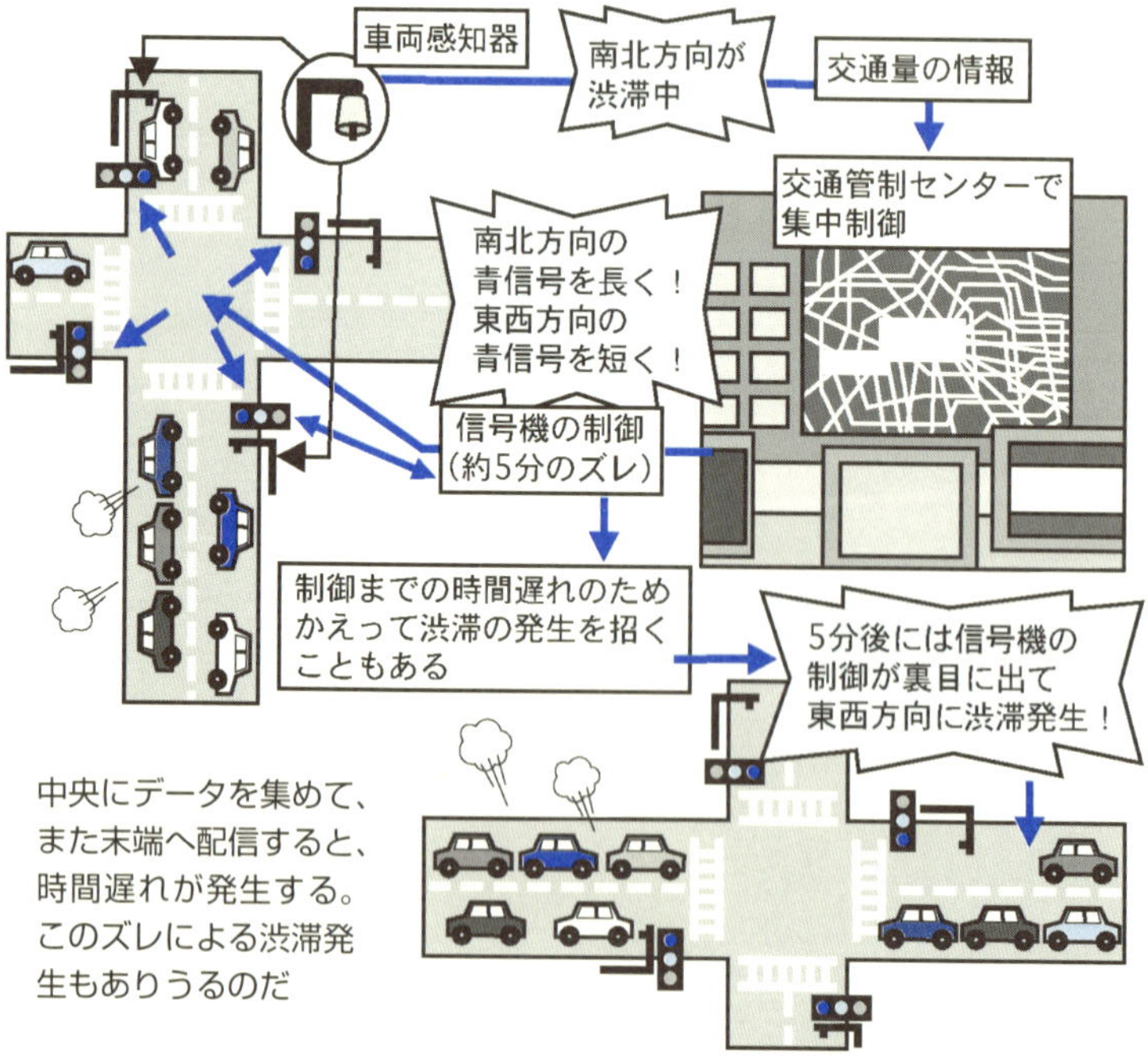

車両感知器
南北方向が渋滞中
交通量の情報
交通管制センターで集中制御
南北方向の青信号を長く！東西方向の青信号を短く！
信号機の制御（約5分のズレ）
制御までの時間遅れのためかえって渋滞の発生を招くこともある
5分後には信号機の制御が裏目に出て東西方向に渋滞発生！
中央にデータを集めて、また末端へ配信すると、時間遅れが発生する。このズレによる渋滞発生もありうるのだ

路では、信号の制御が現在の交通状況をきちんと反映したものではなくなり、かえって渋滞の発生を招くことがあるのだ。

　このようにトップダウン方式にも問題点があり、こういった場合は思いきった発想の転換で、ボトムアップ的な方法を取り入れるのも手ではないだろうか。たとえば各信号機に、その付近で得られたデータから直接最適なサイクルを考えさせ、いちいち中央の指示を待たないような賢い信号機にする方法だ。交通状況に応じて、隣の信号機とのタイミングを合わせるだけでも、全体の流れがよくなるような創発性が生まれる、ということも期待できる。信号機を自己駆動粒子として考え、そのサイクルを最適化するボトムアップ方式はたいへん魅力のある研究だ。

　そしてこれが渋滞学で提案している、トップダウンからボトムアップへの移行、つまり「創発的アプローチによる渋滞解消」なのだ。

　車の渋滞緩和の取り組みの一つに、総合交通管制システムの導入という考えがある。これは中央に車両情報を集め、各車にそこから最適な走りを指示するシステムだ。しかしこれが簡単にうまくいくとは思えない。航空機ですら難しい管制を、さらに台数が多くバラバラな走りをする車で行おうというのは、はたして正しい方向性なのだろうか。

このようなトップダウン的な方法は、通常たいへんコストがかかるため、それがうまくいかないときは、部分的にでもボトムアップ方式を取り入れたほうがよい。これは生物が本来持っている自然な方法なのだ。

人類はこれまでトップダウン方式でさまざまなシステムを作りあげ、そして成功してきた。しかしボトムアップ方式には慣れていないために、残念ながらこの方式はこれまであまり取り上げられてこなかった。

そこで、これからは自然に学ぶ創発的な方法で困難を解決することこそ、新しい未来を切り開くことになると筆者は考えている。その具体的な例は最終章でまとめたい。

図5-20　トップダウン的な方法にも限界がある

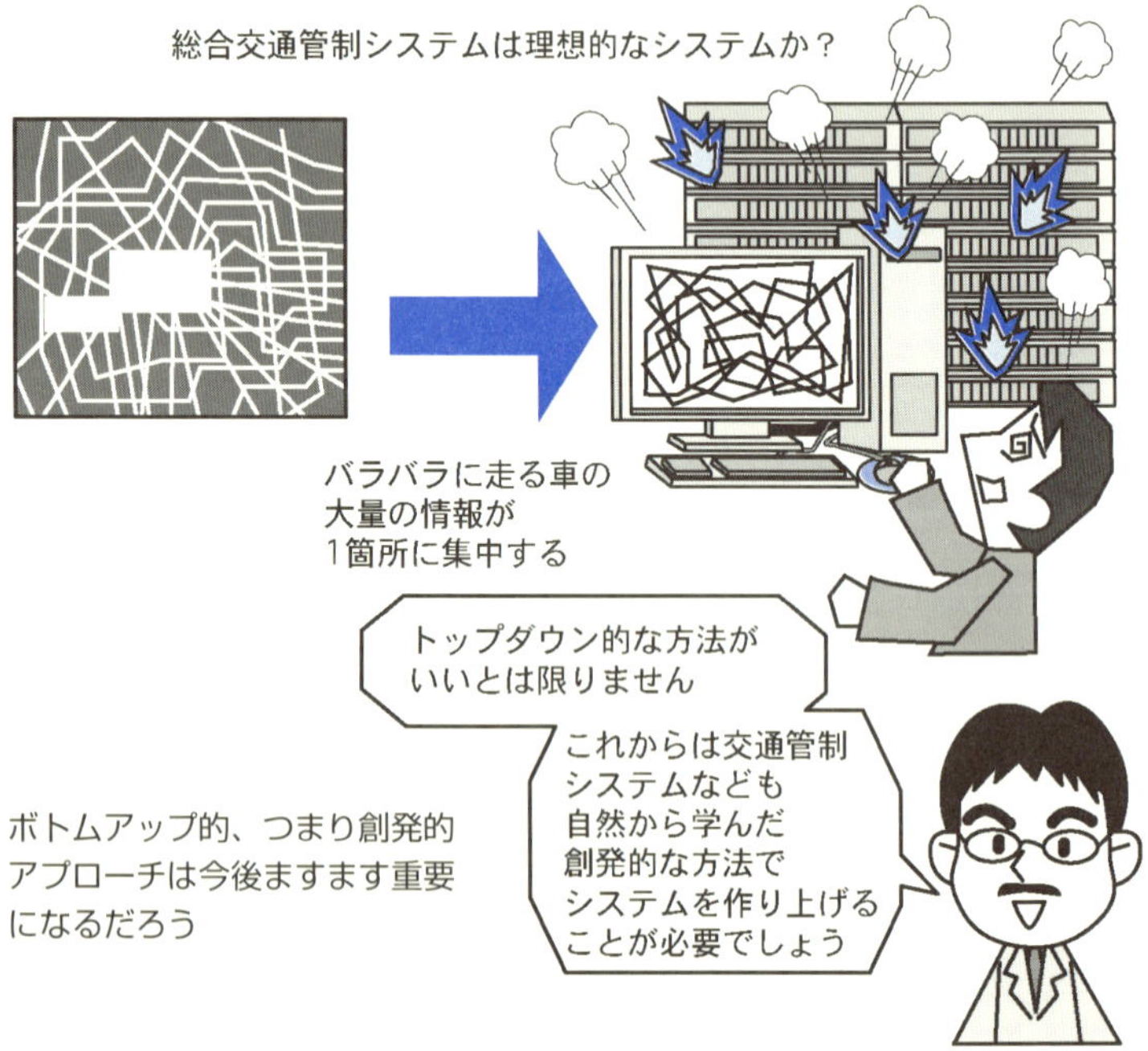
総合交通管制システムは理想的なシステムか？
バラバラに走る車の
大量の情報が
1箇所に集中する
トップダウン的な方法が
いいとは限りません
これからは交通管制
システムなども
自然から学んだ
創発的な方法で
システムを作り上げる
ことが必要でしょう
ボトムアップ的、つまり創発的
アプローチは今後ますます重要
になるだろう

第6章

渋滞のなくなる日

6-1
渋滞のなくなる日

渋滞緩和のキモは渋滞ストレスを緩和すること

都内に住んでいると、毎日何らかの渋滞に巻き込まれている。おかげで渋滞学の研究意欲はますます増すばかりだ。日常の光景すべてが研究材料になっていて、しばしば足を止めて人の流れなどを観察することも多い。

先日、車の渋滞を見る絶好の場所を見つけた。それは六本木ヒルズ森タワーの52階にある、東京シティビューという大展望台だ。海抜250メートルの高さから見る360度の眺望はもちろん素晴らしいのだが、筆者が一番心奪われたのは車の流れだ。マッチ箱のような小さい車が連なって細かく動いているのが見える。その動きはまるでセルオートマトンのようであり、渋

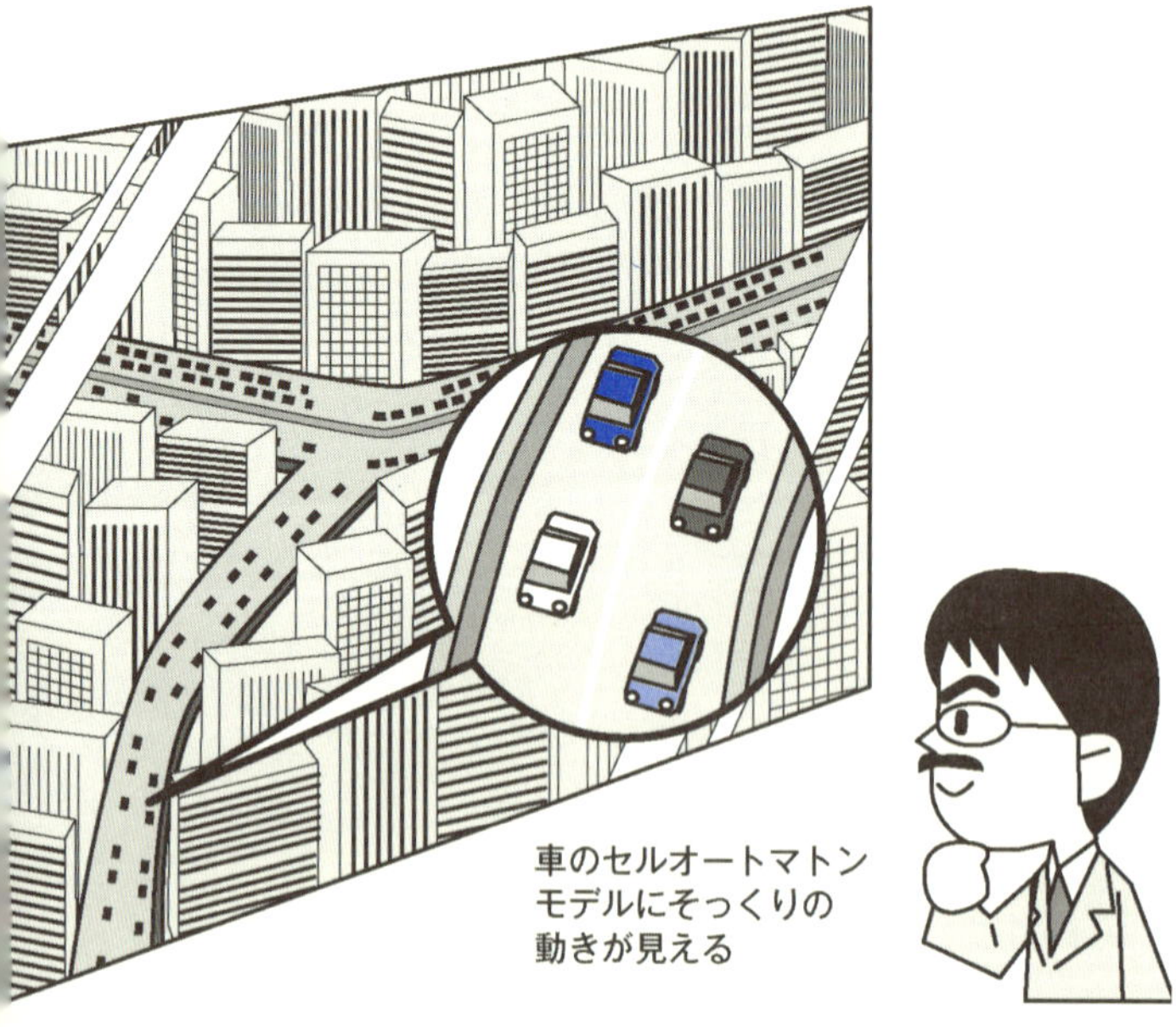
車のセルオートマトン
モデルにそっくりの
動きが見える

滞ができる瞬間や、渋滞クラスターが移動していく様子などもはっきりと見えて大変興味深い。この最終章ではこれまでの研究をふまえて、こうした日常の渋滞を創発的アプローチによって解消するにはどうしたらよいかについて考えてみたい。

それは、全体を管理せずにボトムアップ的な方法による自然な解消方法を見つけるということだ。このようなアイディアは中国の有名な古典「老子・荘子」*を連想させる。老子は無為自然を説き、作為をせずに自然に任せるべきだと考えた。管理されていく高度情報化社会は、やはり窮屈に思うし、人間社会からゆとりを奪ってしまう。最低限のルールやマナーを守らなければいけないのはもちろんのことだが、その範囲で自由に、そして楽しく行動できて、はじめてストレスのない社会になるのだ。強制力を持って無理やりに渋滞を解消しても、人間の感じるストレスはなくならないかもしれない。そういった意味で、創発的アプローチは、筆者が最も注目している渋滞解消の方法で、お互いが過度に競争せず、そして中央で全体を管理統制せずに、個人が多少他を気にしつつ自然に行動したままで渋滞ストレスを緩和する方法が理想だ。

海外で渋滞にあったときに、前後の見知らぬ人が車の外に出て楽しそうに談笑している姿を目撃したことがある。日本人とは生活のゆとりが違うと感じるが、筆者は渋滞の緩和というのは、実は「渋滞ストレスの緩和」であるべきだと考えている。

＊**老子・荘子**
中国の春秋・戦国時代（紀元前 400 年頃）に登場した思想家。老荘思想を説き、おごれるものは久しからず、大器晩成、朝三暮四などの故事成語が知られている。

渋滞ストレスの原因はさまざまだ。渋滞してなかなか進まないことから来ることもあるし、逆に止まらずに歩いていても、スクランブル交差点のように頻繁に人と交差する場所では歩きにくくてイライラすることもある。また、混雑していても、あとどれくらいで混雑が解消するかを知らせるだけでストレスはかなり減るのだ。これはさまざまな都市に実際に設置されている、待ち時間の表示機能がある横断歩道用の信号機を体験すれば実感できる。

これからの渋滞対策は、渋滞そのものの解消よりも、こうした渋滞ストレスをいかにして減らすか、という視点を中心に考えることも重要だと考えている。これにより、これまでとはまったく違う渋滞対策のアイ

渋滞に巻き込まれても
楽しい会話!!

どうしても渋滞が起こってしまう場合、そこに巻き込まれる人のストレスを緩和することも重要だ

人で混雑しているスクランブル交差点は
歩きにくくてイライラ

待ち時間が表示される信号機だと
イライラがだいぶ解消される

ディアが生まれてくる場合もあるのだ。

人や車の渋滞そのものを解消することも大切だが、同時に道路や通路などをもう一度見直し、低いコストで変更できることはいろいろ試してみるべきだ。

たとえば通路にはさまざまな物が存在するが、単純な配置の移動でまったく流れが変わることもある。多少の障害物を置くことで、逆に渋滞が減るかもしれない。また、歩行者や運転手への情報提供に関しては、心理的なストレスを緩和するように十分配慮して行うべきだ。そして障がい者なども安心して行動できるような対策も考えなくてはならない。次節以降では、そのような具体例を見ていこう。

今すぐできる人混みの緩和方法

市街地などのような人混みでは、学校や軍隊のように全体に命令できるような人はいない。このように不特定多数の人が集まる場所では、個人の気配りやマナー、また心のゆとりと譲り合いがとても大切だ。このちょっとしたお互いの気遣いによって、集団に創発が起こり、流れがスムースになる場合がある。

歩きタバコ

タバコを吸いながら歩くと、その煙や臭いに敏感な周囲の行動に大きく影響を与える。また、タバコを持った手を振って歩いていると、その火に周囲の人が接触してしまう危険もある。子供の場合は失明の危険もあるのだ。このため、タバコを持った人を避けようとして、その人の周囲は人口密度が下がる。そのしわ寄せで、さらにその周辺が逆に混んでしま

火ダネが
触れそうで
危ない！

う。タバコの火を避けようと、周囲の人が2平方メートルの間を取るとしよう。すると、タバコを持った人が1人いるだけで、人数にして約5人分くらいのスペースが無駄に失われてしてしまう。逆に歩きタバコをやめるだけで5人分の場所のゆとりが生まれるのだ。

最近は大阪市など、歩きタバコを禁止する条例を持つ自治体が出てきた。歩きタバコ禁止条例は、人体への危険性やポイ捨てのゴミ問題、火災などの観点から議論されることが多いが、渋滞問題にも大きく関わっている。

傘の持ち方

これも歩きタバコとある意味で似ている。雨の降りそうな日、あるいは雨上がりで傘をたたんで持ち歩くとき、皆さんは傘のどこを持って歩いているだろうか。もちろん大多数の人は柄の丸い部分を持って傘の先端を真下にしながら歩いている。

しかし、なかには、柄のまっすぐな部分を握りしめている人がいる。そうすると、自然に傘は地面と

平行に近い状態になり、その位置で手を振りながら歩くことになる。これは後ろを歩いている人からすれば、タバコと同じで非常に不快で危険だ。傘の先端を振りながら歩くことになるため、危ないだけでなく雨上がり時は雫が飛び散る。したがって、後ろの人は傘のリーチの分だけ空けなければならない。ここでも貴重なスペースが無駄に失われてしまうことになる。

歩きケータイ

最近は歩きながら携帯電話を操作している人をよく見かけるようになった。これは二つの意味で渋滞を引き起こす要因になっている。

まずはケータイ画面に注視してしまうことで、周囲の微妙な流れの変化に自分の歩く速度を合わせることができなくなる。このとき、たいていの場合は周囲より歩く速度が遅くなり、それが後方の人々を歩きづらくさせて混雑を助長する。

もう一つは、前方を見ていないために反対方向か

止まってジャマ！
もっと速く
歩いて！

ら歩いてくる人の迷惑になるということだ。ケータイの画面を見ている人は、まっすぐ歩く傾向にあるが、たとえば前方から人の集団が向かって歩いてきた場合に衝突が起こってしまう。ちゃんと前方を見て歩いていれば集団を簡単に避けられるが、そうでない場合は相手の集団全体にも無用の混乱をきたす。

人間は予測をしながら歩いている。この素晴らしい能力をなくしてしまうのが、歩きながらの携帯電話の操作であることを知っておいていただきたい。

背負いバッグ

背中にリュックサックのようなものを背負うと、それだけで1人分のスペースを占領することになる。混雑時は、脇に抱えたり、下に降ろすなどの配慮をしたい。

また、リュックサックは自分の視界の届かない背中に突起しているため、自分が方向転換しようと体をひねると、後ろにいる人に当たってしまう可能性が高い。リュックサックはそういう意味でも周囲の

リュックがジャマー！
迷惑だ！

人にストレスを与えてしまう。海外の美術館では、リュックサックは背負わないように、という注意書きを見る。ゆっくり鑑賞している人に迷惑をかけないようにする嬉しい心配りが感じられる。

渋滞を避ける歩行

歩いていて急に立ち止まったり、歩く方向を変えようとするときは、その動作をする前に後ろをちょっと振り返ってみよう。そうすることで、他人との無用な接触を避けられるのだ。他人と接触するということは、本人のパーソナルスペースの侵害になり、ストレスの大きな原因になる。

また、道が他より細くなっている場所では、なるべく立ち止まらないことも重要だ。止まる前に周囲を見渡して、その場所で止まることが通行の妨げにつながるかどうかを考えるという、このちょっとした気配りによって渋滞を避けられるのだ。

前から歩いて来る人に対しては、相手がどちらの

①後ろを確認
してから
②方向転換を
するとよい

方向に向かうかを少し予測してみるだけで、接触や衝突を回避できる。基本は左側通行の原則だ。お互い避ける方向を左側にすれば、正面衝突を避けることができる。これは国によって違い、ドイツでは右に避けようとする場合がほとんどなので、日本人がドイツで混んでいる場所を歩いているときは、よく他人にぶつかってしまう。どうやら避ける方向は自動車の走る方向と同じようだ。いずれにしろ、皆が相手の動きを2歩先くらいまで予測することで、全体としてかなりスムースな流れができるのだ。

もう一つ重要なことは速度の分離だ。人はいろいろな速さで歩いている。急いでいる人もいれば、ゆっくり歩く人もいる。これらの速度の違う人が混ざり合っていると快適な歩行は難しい。人間はここでも賢さを発揮して、自然に速い人と遅い人の流れに分かれることがある。

これも一種の創発だろう。誰に命令されたわけでもなく、皆がこうあればよいと思うことで、自然にスムースな流れが形成されていくのだ。速く歩きたいときは、速く

ぶつからないように
お互い左に避ける

歩いている人についていくだけでよい。皆これと同じことをすれば分離した流れが自然にできてくる。これはセルオートマトンによるモデルでも確かめられている。この流れをうまく読み取り、それに逆らわず周囲に歩調を合わせることが大切だ。

自発的にできるこういった流れは、エスカレータではなかば暗黙のルールになっている。東京では右側は歩いて上がる人、左は止まったまま上がる人用に分かれている。エスカレータを歩いて上がることは、機械のトラブルを招いたり安全上の理由でよくないのだが、2人分の幅のエスカレータではどうしても歩いてしまう。ただ、蹴上げ寸法は普通の階段より5センチ程度高いため、上がりにくいのはたしかだ。

そこで、歩いてほしくない場合は1人分の幅のエスカレータを設置し、また二人幅のときは歩くのを前提にしたうえで技術開発と安全対策を考え、蹴上げ寸法を下げるなどの工夫が必要となるだろう。とにかく、自然に人間が作る流れを妨げないように、設備のほうも変えていくべきだ。

遅い流れ
速い流れ
自然と分かれる
ことがある

動線を邪魔しない

道を歩いていると、歩行を妨げるものが置かれてあったり、そのために見通しが悪くなっているような所をよく見かける。邪魔な看板が道に出ていたり、店の前でワゴンセールをするような場合だ。大きなボックスなどがあると、その影から人が急に現れたりして危険だ。狭い場所ではこのようなものはあってはならないし、うまく動線を避けるように物を置くべきなのだ。なお、スクランブル交差点は最悪の動線交差だ。歩いていて非常に不愉快になるが、このようなあらゆる方向から人が集まるような場所はなるべく避けたほうがよい。なおこのような流れは逆に柱や壁などを置くことで、方向ごとに分離できる場合もある。

交差点など
人の集まるところでは
動線を邪魔しない

盲人用誘導ブロック上の駐輪

駅構内や歩道などでよく見かける、点字のような模様が入った黄色い床ブロックは、盲人用の誘導や注意のためのものであることはよく知られている。しかし普段注意を払って行動している人は少ない。そのためこのブロックの上に自転車を放置するような場面を見かけることがある。

　視覚が不自由な人は、このブロックを足で一歩一歩踏みしめて方向を確認したり、危険な場所で停止したりするのに、自転車のような障害物が置いてあると、それ以上先に進めなくなってしまう。いわばこのブロックが第3章で書いた静的フロアフィールドの役目をしているのだ。

　ブロックはよく見ると2種類あることに気がつく。点字状に盛り上がったものが停止ブロックといわれていて、おもな出入口、歩行の途中で方向転換をする場所、一時停止が必要な場所、あるいは段差があるような所に予告として敷いてある。もう一つのブロックは平行な数本の縦線状に盛り上がったパターンのもので、誘導ブロックと呼ばれており、目的位置への経路を誘導するためのものだ。

　これら盲人用誘導ブロックの周辺には障害物などがあってはならない。ちょっとした心配りと思いやりを持っていれば、誰でも簡単に協力できることだ。

このようなことが
あってはならない
盲人用誘導ブロック

駅で、車で、スーパーで…いろいろな渋滞とその緩和方法

次に、人に限らず、さまざまな場面での渋滞とその緩和方法について考えてみよう。

駅、電車

駅では普通、整列乗車をしているが、これは必ずしもよいとは限らない。ホームが狭いうえに大量の人が来ている場合、整列することで乗り口の前からまっすぐ後ろに長い列が伸びてしまい、ホームの反対側にまで達して危ない状況をよく目にする。後から来る人はホームの反対側の端を歩くことになるため、そこに電車が来てヒヤリとすることもあるだろう。

こういう状況になったとき、駅によっては整列乗車をしないように指示をするところもあるが、電車

整列乗車の欠点

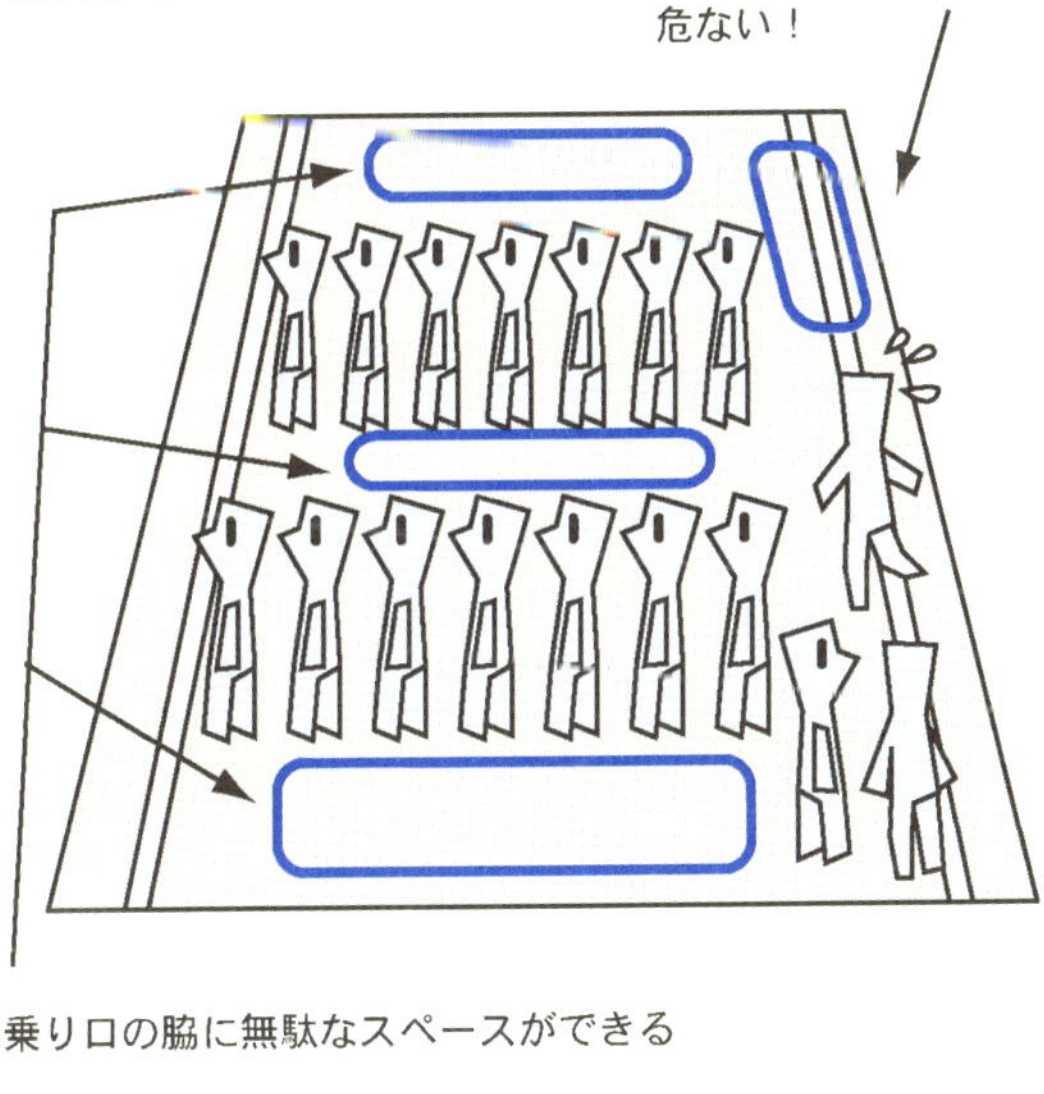
反対側が狭くなって
危ない！
乗り口の脇に無駄なスペースができる

内の席取り合戦をする気持ちが乗客に強いとあまりうまくいかない。日本人は割り込みにはかなり抵抗感があり、下手をしたら喧嘩になってしまうのだ。ちなみに筆者はダイエットのために短距離の電車内ではなるべく立つようにしているため、席取り合戦とは無関係にゆっくりと乗車している。

整列待ちでの乗り口の脇にできる無駄な空きスペースをなくすため、新幹線などではホームに平行に並ぶような白線が引いてある。このような誘導ラインは適切に考えられていればかなり有効なので、どこの駅でも取り組んでほしい。

電車内でもさまざまな工夫の余地がある。

たとえば、何らかの方法で、座っている乗客がどこで降りるのかがわかれば便利だと思ったことはないだろうか。その前に立っていれば、自分がいつ座れるかがわかるのだ。これだけでもストレスはかなり減る。

ドイツの鉄道は、指定席と自由席が同じ車両内に混在していて、各座席の上に「この席はどこからどこまでが予約されている」という案内が表示されている。筆者はこの表示情報を利用し、あまり立たずに旅行したことがある。

またこのシステムは座席の有効活用という意味でもよいのだ。日本では自由席と指定席は車両が異なるが、もしも自由席の車両が異常に混んでいて、指定席車両がガラガラという場合が頻繁にあるならば、混雑分散のためにも、すべての座席を臨機応変に指定と自由に分けるようなシステムを検討するのも有用だ。

最近は、車両ごとの混雑度の違いも目立つようになってきた。地下鉄では、乗り換え階段や出口階段に近い車両の混雑が他の車両より激しい。これは駅に乗り換え案内のポスターが貼ってあり、その情報からどの車両に乗ればよいかがすぐにわかるためだ。このように、サービスによっては逆に混雑が助長されることもあるので、情報の与えすぎは逆に渋滞ストレスを大きくすることもあるので注意が必要だ。

その他、駅の改札や出口付近でいつも気になることがある。それは雨の日に、出口から外に出る際に皆が傘を出し、また外から来る人は傘をしまうため、大渋滞している場所がいくつもあるということだ。雨の日は体を濡らさないようにするため、利用客は

●混雑具合が車両ごとに違う

ギュー！
わりとすいている
ギュー！
A駅中央口、C駅北口
B駅西口

●改札口から出たところが混雑する

駅の構内や
ひさしの部分の
スペースが小さいと
ここで混雑する
改札

出口近くのひさしがあるスペースで立ち止まり、傘を出し入れする。この雨除けスペースが小さいと、混雑してかなりのストレスを客に与えることになる。利用客の数を予想し、ある程度十分な大きさのひさしが出入り口付近にない場合は、その設置をぜひ検討してもらいたい。

遊園地、テーマパーク

混雑している遊園地では、何よりも人気のある乗り物の待ち行列が問題だ。ここで長い時間待たされると、せっかくの楽しい気分もだいなしだ。混雑してしまうのは仕方がないので、こういった場合は、だいたいの待ち時間を知らせることが渋滞ストレスの緩和につながる。時間の予測ができれば、利用客は園内でのその日のスケジュールが効率よくたてられる。

この予測は、リトルの公式やこれまでの統計データによってかなり正確にできるため、どこでも取り組んでほしい課題だ。

○△マウンテン
待ち時間の告知は
渋滞ストレスの
緩和になる
最後尾
待ち時間
40分

並んでいる際の工夫も重要で、その途中にいろいろな展示や小さな見世物を用意しておくだけで、並んでいる時間を忘れさせてくれる。そして列をうまく蛇行させて実際より短く見せることにより、新しく並ぶ人のストレス緩和にもつながる。

スーパーのレジ

日本ではほとんど見かけないが、海外のスーパーでは、FASTと書かれてあるレジを見かけることがある。これは買い物が少ない人用のレジで、処理が非常に早い。ガムを1個しか買わない客と、数日分の食料を大量に買い込んでいる客が交互に並んでいるような状況を想像してもらえればおわかりのように、渋滞ストレスを減らすためには、この分離はかなり有効なのだ。

　日本では、新聞のみ買う人がレジに割り込んできて、お金だけ置いて去っていく光景をたまに日にするが、こうした少ない買い物客用のレジをぜひと

通常のレジのほかに、購入金額の少ない人専用のレジがあると便利だ

も検討してもらいたい。どれくらいが少ないか、などという野暮な基準は必要ないだろう。要するにそこに並んでいる人が不快に思わなければよい。そういった意味では、レジの店員、客どうしのコミュニケーションが重要だ。海外では知らない人どうしでも気軽に会話をするので、筆者も「この買い物ならあっちのレジね」などといわれたことがある。常にコミュニケーションしていれば、別に不快な思いは一切しない。店員はマニュアルどおりの機械ではないので、お客に話しかけることも渋滞ストレス緩和には重要なのだ。

女子トイレ

劇場などで、いつも気の毒に思うのは女子トイレの前にできる行列だ。筆者は男性なのでトイレで並んで困ったという経験はほとんどない。しかしこの男女間の不平等さは女性にとって大きなストレスになっている。これは基本的にトイレの個室の数が少ないのが問題で、しかも劇場ではトイレに行く自由時間が決まっているために人が集中する。

解決方法①
男子トイレを転用する

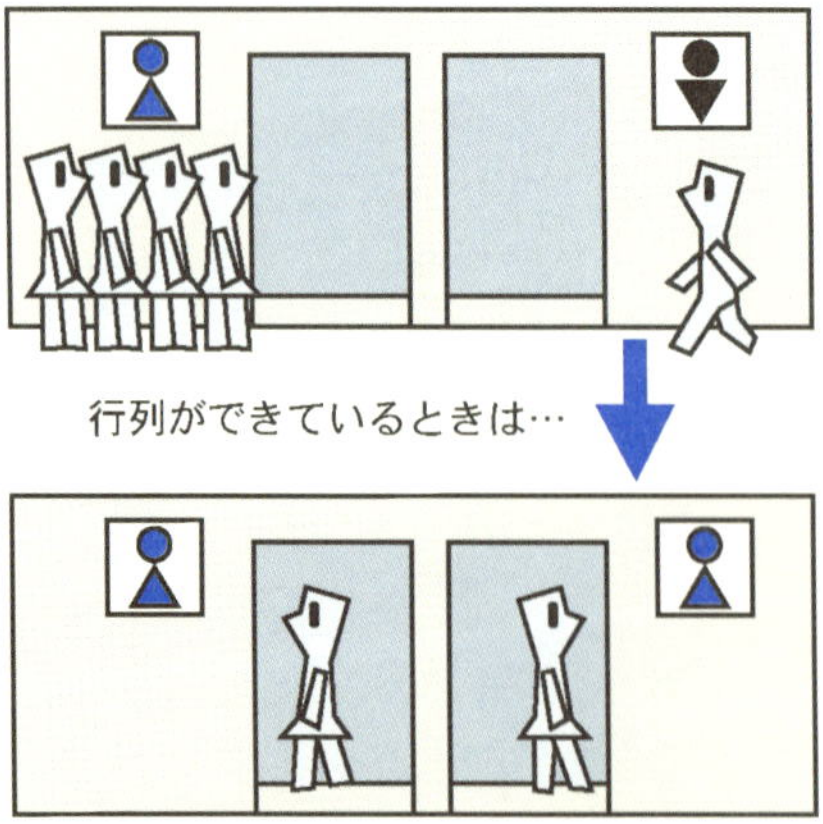

行列ができているときは…

男子トイレを女子トイレに転用する
（男性には他のトイレに回ってもらう）

これを解決するために、状況に応じて男子トイレの一部を女子トイレに転用するところもある。また、トイレの扉は、中に人が入っていない場合は自動的に開いている状態になっているべきだ。扉が閉まっていると、中にいるのかいないのかが、すぐにはわからない。トイレではフォーク待ちで待っているため、どこが空いたかが遠くから見てすぐにわかれば、効率よく動くことができる。

渋滞しない車の運転方法

次に話を自動車に戻して、ちょっとした心がけでできる渋滞対策について述べよう。運転上の簡単なマナーやテクニックで、全体の交通状況がまったく変わることもあるのだ。

安全のために車間距離をとりましょう、ということがよくいわれる。実は、車間距離を空けることは大渋滞を避けるためにも有効だ。渋滞になる臨界の車間距離は約40メートルだった。このくらいに詰めて時速100キロメートル近くで走っている状態

解決方法②
人が入っていないとき
トイレの扉は開く
全部閉まっているとどこが空いているか遠くからわからない
入
空
入
「空」のときは扉が開いた状態にする
空いているところが遠くからわかる

は準安定状態となっている。この集団は車間距離に余裕がないため、何かのはずみですぐに渋滞相に変化してしまう。

ここでもし車間距離に余裕があると、車どうしの連鎖反応が伝わらなくなって全体が止まってしまうような渋滞は発生しない。そう考えると、車間距離が臨界以下に小さくなって起こる自然渋滞は、好ましくない状態に全体が変化するという意味で「逆創発」現象といえるだろう。

また、渋滞になるのを避けるためには、ブレーキをあまり踏まないことが効果的だ。ブレーキを踏むと、後ろの車はその車のブレーキランプを見てブレーキを踏み、それが後方に連鎖していくからだ。とはいえ、安全上の理由からこのような運転指導はできない。このように安全性と渋滞解消とは、ときには相反するのだ。したがって、ブレーキをかけなくてもよいように、速度に応じた適度な車間距離を保つことが重要となってくる。

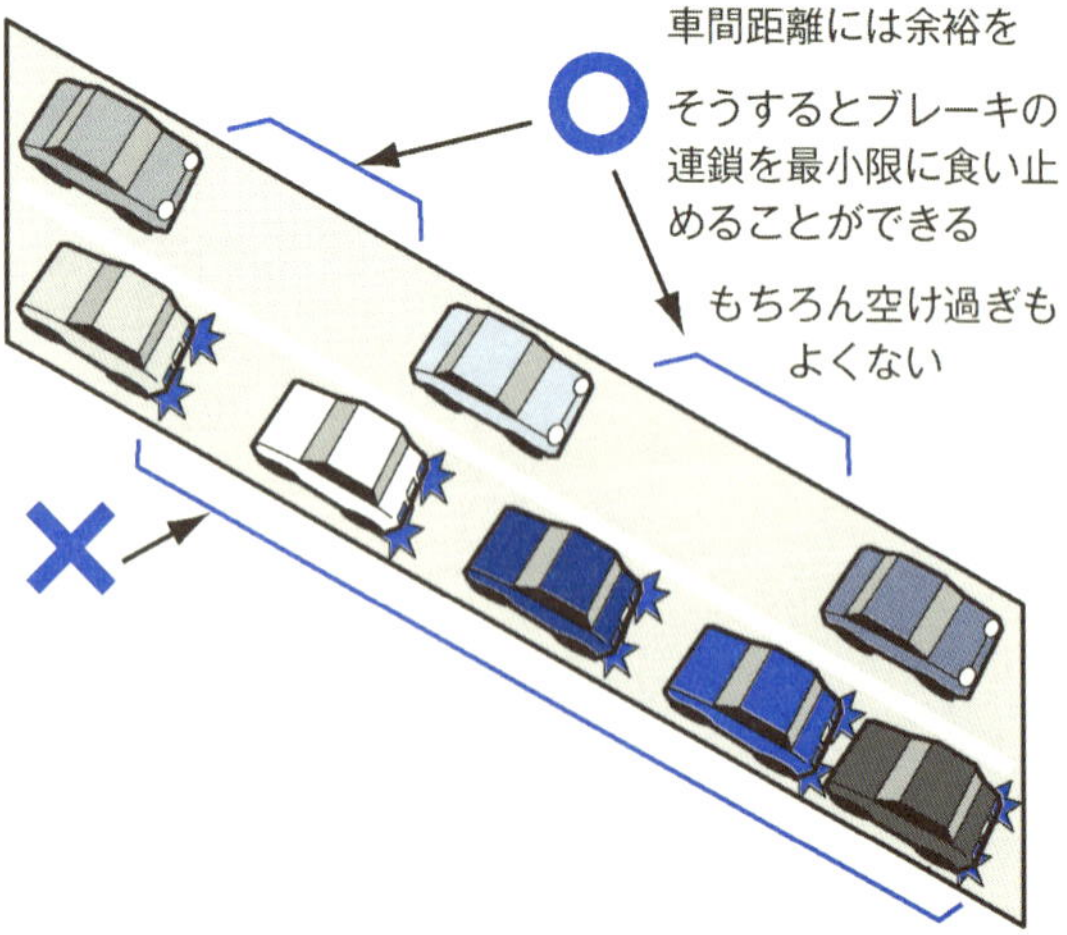

車間距離には余裕を
○
そうするとブレーキの連鎖を最小限に食い止めることができる
もちろん空け過ぎもよくない
×

さらに前の車の加速や減速に反応して、自分もなるべく早くその動きに追従することも大切だ。これは理論モデルでも確かめられていて、前の車に対する追従反応が早ければ早いほど、渋滞発生を遅らせることができることがわかっている。

織り込み交通

創発的なアプローチを使った交通流の改善の例として、織り込み交通について考えてみよう。

織り込み交通の典型的な例は、首都高速道路での渋滞のメッカ、小菅ジャンクションで見られる。2つの道路が合流し、すぐにまた分岐しているような場所だ。それぞれの道を走る車はもう一方の道に行こうとしているため、合流後に流れが完全に交差する。そのため合流してすぐにお互いが車線変更をしようとして大混乱になり、事故も起こりやすい。

図6-1　渋滞や事故が起こりやすい織り込み交通

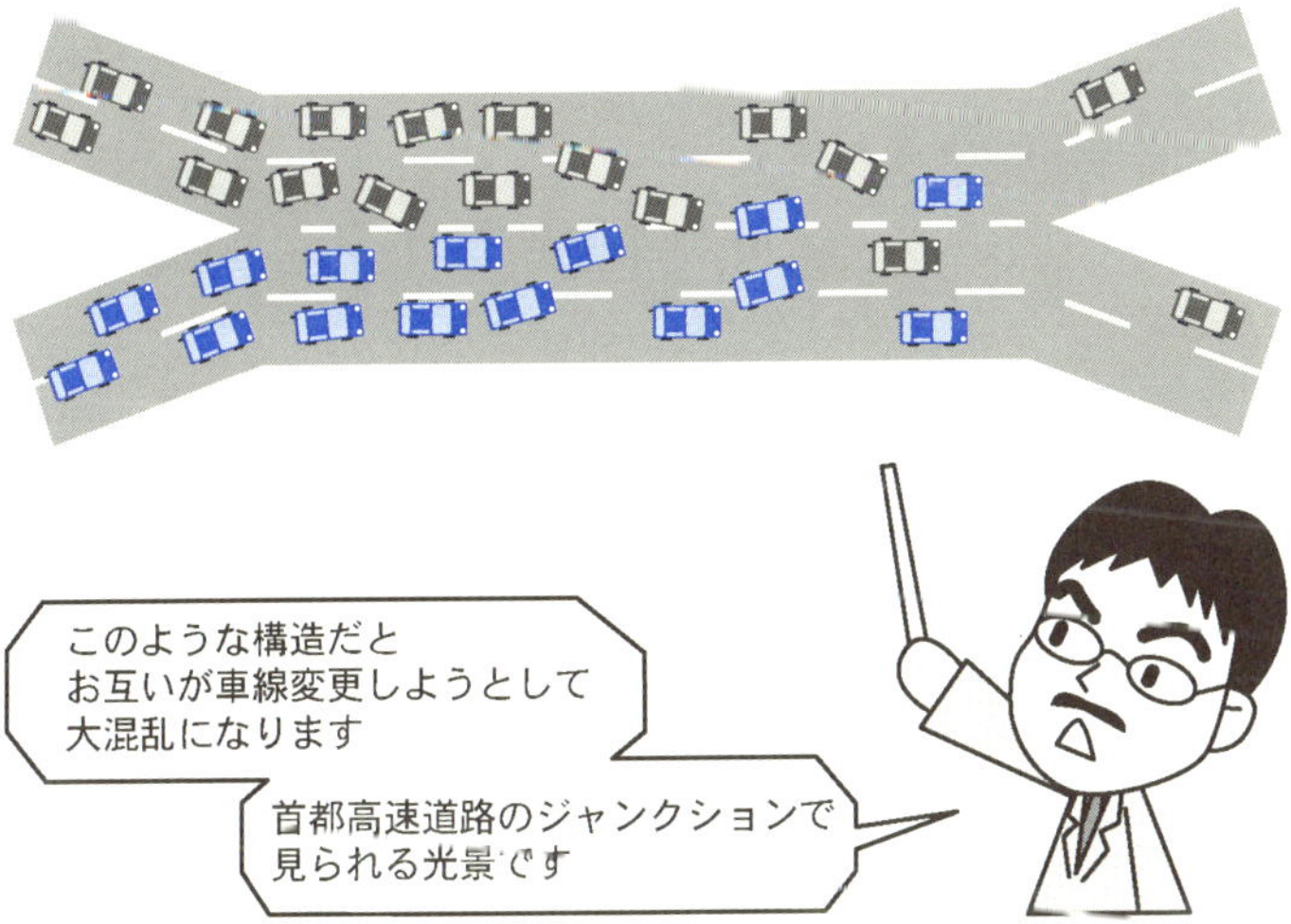
このような構造だと
お互いが車線変更しようとして
大混乱になります
首都高速道路のジャンクションで
見られる光景です

このような織り込み部をなくすために、平成10年に首都高速道路の箱崎ジャンクションでは大工事をして、2車線ある外側の道を反対方向に立体交差でつなげ、渋滞をかなり緩和させた。しかしこれをすべての「織り込み部」でやっていては天文学的な予算が必要となるだろう。

そこで、ほとんど予算がかからずにすぐにできる対策として「鴨川カップル作戦」というものを筆者は提案している。京都の鴨川のほとりに、だれに命令されたわけでもなく、カップルが等間隔に川辺に並んでいるのが風物詩になっている。この間隔は平均約5メートルで、これ自体、一種の創発現象といえるものだが、このお互いを避けようとする性質が、車にもあてはまることを利用するのだ。

つまり、すぐに合流部で車線変更をするのではなく、少しだけ並走してから車線変更すれば、その間

図6-2　箱崎ジャンクションの改良工事

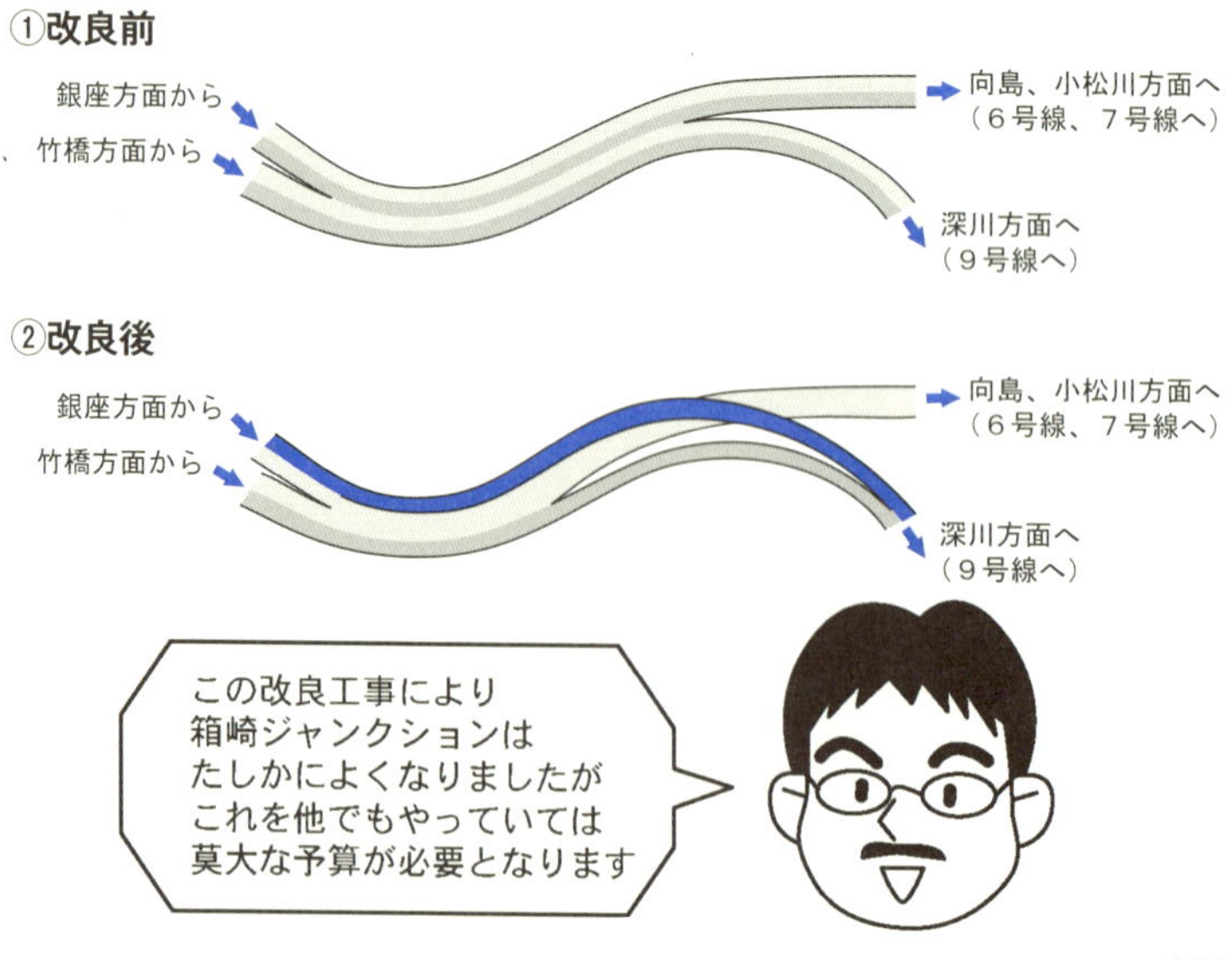

①改良前
銀座方面から
竹橋方面から
向島、小松川方面へ
（6号線、7号線へ）
深川方面へ
（9号線へ）
②改良後
銀座方面から
竹橋方面から
向島、小松川方面へ
（6号線、7号線へ）
深川方面へ
（9号線へ）
この改良工事により
箱崎ジャンクションは
たしかによくなりましたが
これを他でもやっていては
莫大な予算が必要となります

図6-3　名物「鴨川カップル」

図6-4　「鴨川カップル作戦」を取り入れた織り込み交通

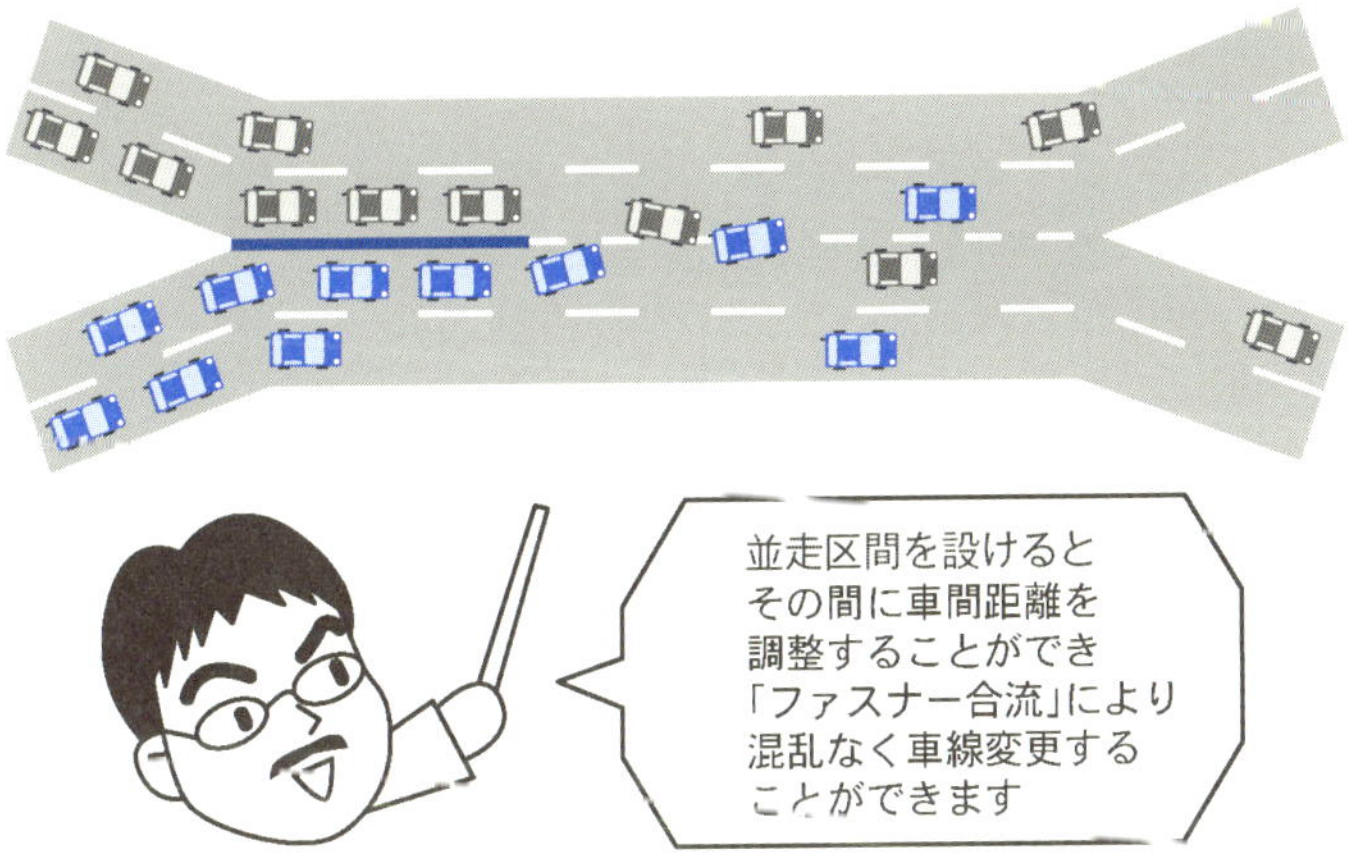
並走区間を設けると
その間に車間距離を
調整することができ
「ファスナー合流」により
混乱なく車線変更する
ことができます

に車は自然に車間距離を調整し、2つの車線の車は交互に並ぼうとするだろう。そうすると、第3章の人の動きで述べた、車のファスナー合流が可能になり、速度をほとんど落とさずに混乱なくお互いが車線変更できるようになる。そのためには、合流部からしばらくの間、車線変更を禁止する黄色線を引けばよいのだ。さらに「交互合流」の看板の設置も効果があるだろう。

これこそ隣の車線の車との位置関係を自発的に調整して危険を回避するという、人間本来が持つ行動のみを利用した2車線での鴨川カップルの行動にほかならない。こうして皆が危険回避とスムースな流れのために、交互合流を意識して譲り合えば、この創発的アプローチによりかなりの流量改善効果が望まれる。

好ましい渋滞

これまで渋滞は悪役だったが、立場を変えると好ましい渋滞もある。

飲食店の場合、「行列のできる店」という言葉にあるとおり、多少の行列ができていたほうがさらに客を呼ぶことにつながり、店も繁盛するのだ。たしかに昼どきに店に入ろうとしても、客がまったくいない店は何だか不安になる。

実は行列が適度な長さになるように調整することは可能だ。もちろん客がある程度来なくてはいけないが、来た人をすぐに店に入れてしまうと、外から見て行列はなくなってしまう。しかし店の中に空いている席があるのに、すぐに中に入れないと客から文句が出てしまう。そこで店の中の席のうち、並んでいる人からは見えにくい席を、行列の長さ調整用に使うのだ。客がこれを知ってしまうとずるいと感じてしまうが、知らなければ皆が幸せになれるのだ。

人が人を呼ぶこの「惹きつけ効果」は、イベント会場などでも行列の長さを適度に調整することで応用することができる。そして、テレビで人気ソフトの発売前の行列や、デパートの福袋の売り出しの行列を見るたびに、いつも売り手側のこうした思惑を感じてしまうのは筆者だけだろうか。

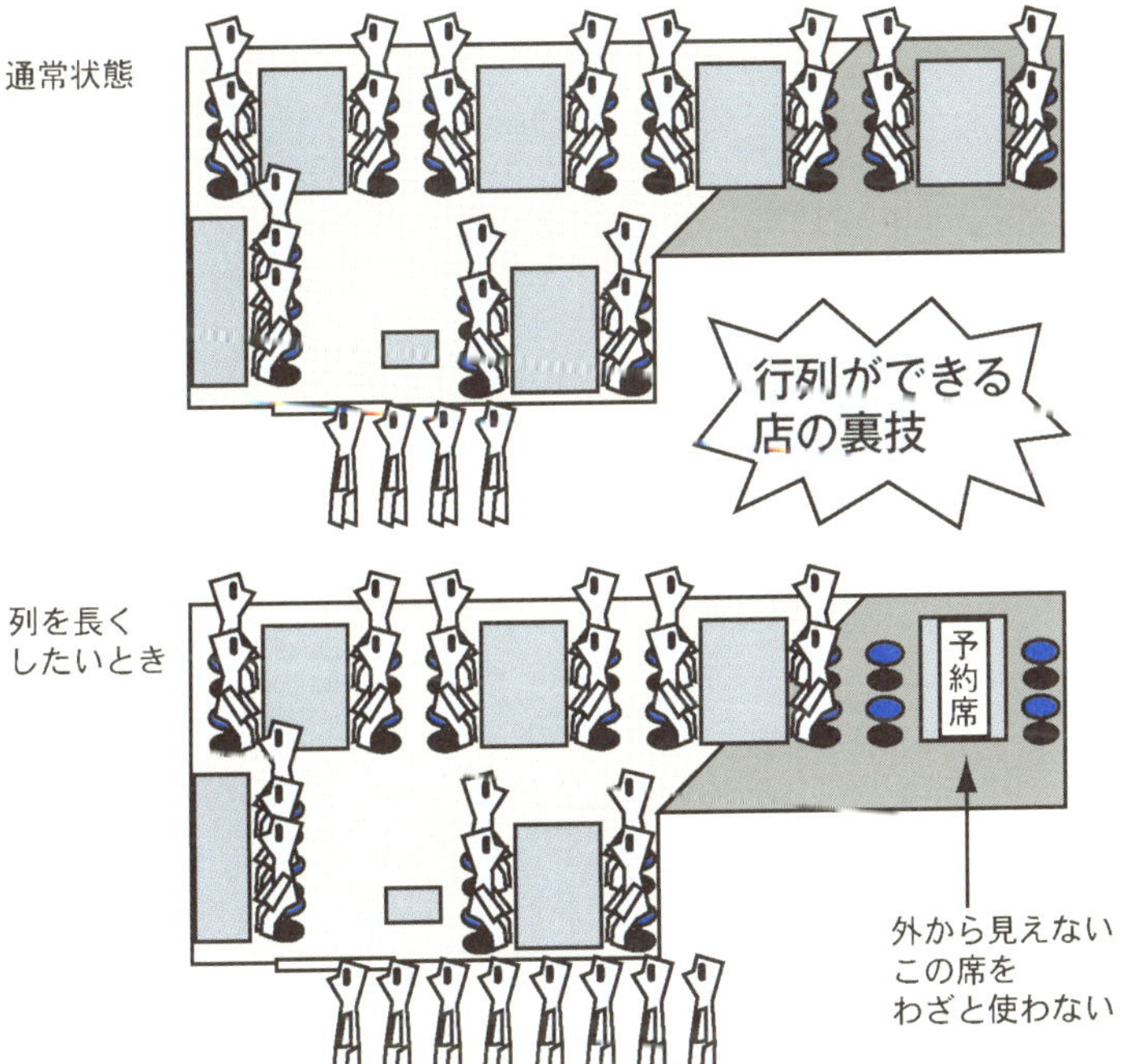
通常状態
行列ができる
店の裏技
列を長く
したいとき
予約席
外から見えない
この席を
わざと使わない

建物の避難安全を実際に検証してみよう

災害時のさまざまな渋滞は、人命に直接関係してくる可能性が高いため、その予防は最も優先度を上げて対応しなくてはならない。とくに建物に火災が発生したときに、無事に逃げられるかどうかということは、建物を建てる前にしっかりと検討すべき課題だ。

防災計画の基本的な考え方とは

現在、一定規模以上の建築物については、自治体によっては、建築申請を出す前に防災計画書というものを提出して、安全性を認定してもらう必要がある。この計画書の中には細かく定められた避難計算というものがあり、建物の中にいる人が火災の煙に巻き込まれずに全員脱出できるか、ということを詳細に検討するのだ。とくに、人が出口に殺到しても、その人々を十分収容することができる滞留スペースがその出口付近にあるかどうか、ということを慎重に調べる。

このスペースが確保できないと、図6-5のような場合、廊下が満員になって部屋

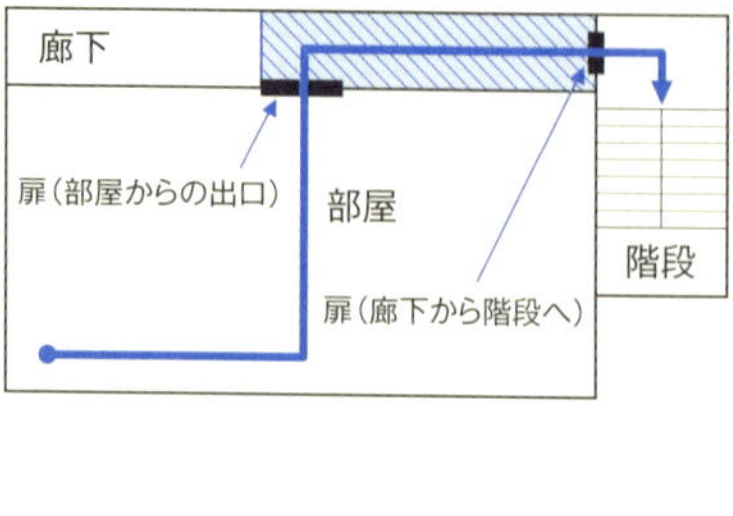

の出口が完全に渋滞してしまい、部屋から外に出られない人が発生してしまう。もしこの部屋で火事が発生したら、極めて危険な状況になるだろう。こういったことにならないように、建物を防災の観点からいろいろチェックするのが防災計画書だ。

あまり一般の人は目にする機会がないと思うので、ここではこの避難計算を簡単な場合で実際にやってみよう。この計算はいろいろ面倒なところもあるが、基本的には公式や表とにらめっこをすれば、単純にその値を参照しながら計算を進められるようになっている。とくに難しい数学は必要ないため、根気よく追っていけば誰でも理解できる。

細かい計算に入る前に、この防災計画の基本的な考え方を述べよう。それは建物から逃げる

図6-5　廊下は十分な滞留スペースが確保されているか？

早く前に行って！
火事だ！
どうしよう
出られない！
この間取りの場合
もし斜線部が十分広くないと
廊下に人がたくさん留まり
部屋から出られない危険な
状態になります

際に、その避難経路は建物のどの場所からも2方向以上確保されていなくてはならないということだ。たとえばマンションの部屋から外に出る際にも、通常使う出口以外に、ベランダを使って隣に逃げるルートが確保されている。廊下に出ても、そこから地上までの階段は通常2箇所以上存在する。これは2方向避難の原則といわれる。

また、階段を移動するのが困難な災害弱者に対して配慮するために、ビルのフロアごとに安全区画を用意し、まずその階で危険な場所から安全区画に逃げ、そのあとに階段を使ってその階から避難する、という段階的な避難経路にする。これは水平避難方式といわれ、階段に殺到して将棋倒しになる危険性からも私たちを守ってくれる。

安全区画は、高い防火性能を持つ壁や扉などで間仕切りされ、排煙装置も備わっており、避難者を火や煙から守ってくれる場所のことだ。このように火災発生場所から順番に安全な場所へ避難していくというのが避難の基本的な考え方となっている。そこで、この避難経路が本当に安全かについて、各安全区画の区切りごとに順番にチェックしていく。

「避難計算」を実際にやってみよう

それでは、先ほどの図6-5にあった部屋は、防災上問題がないかどうかチェック

図6-6　避難計算をする部屋と廊下の設計値

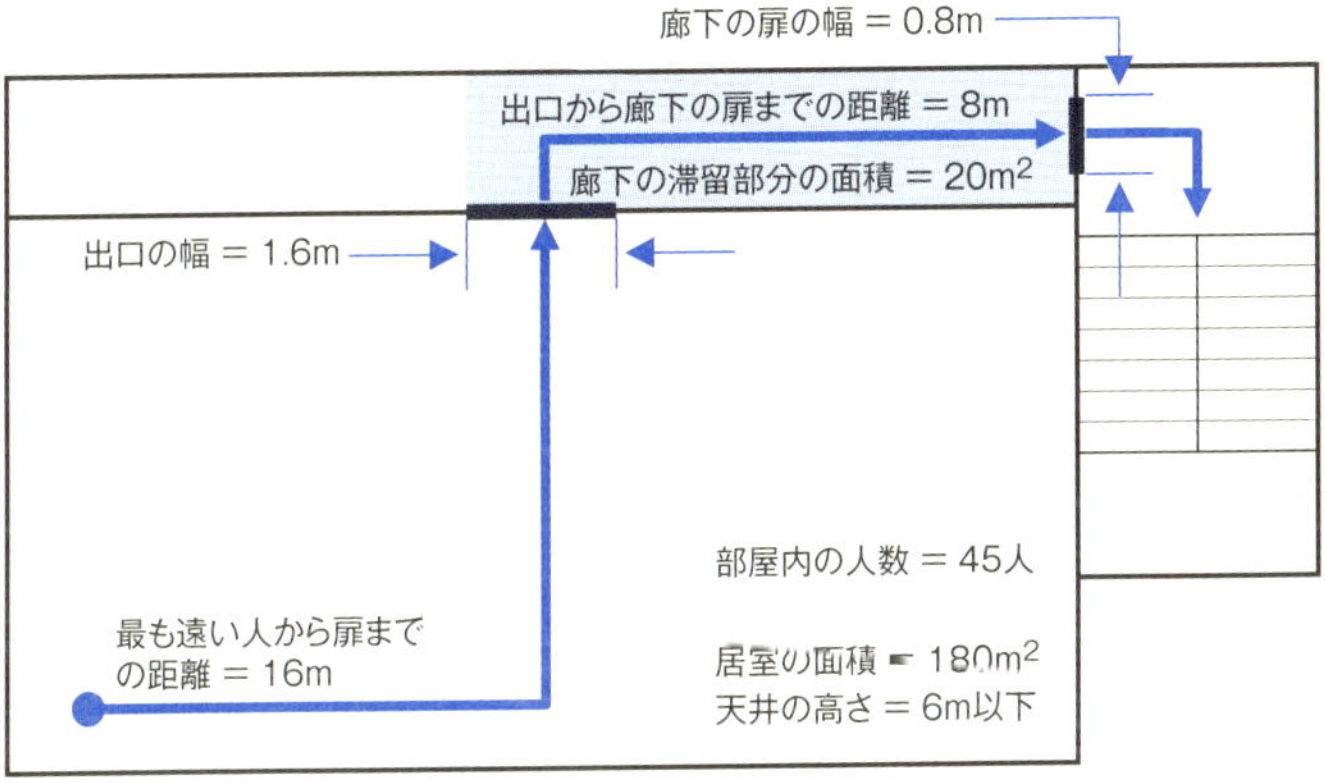
廊下の扉の幅 = 0.8m
出口から廊下の扉までの距離 = 8m
廊下の滞留部分の面積 = 20m^2
出口の幅 = 1.6m
部屋内の人数 = 45人
最も遠い人から扉まで
の距離 = 16m
居室の面積 = 180m^2
天井の高さ = 6m以下

してみよう。

最初に、どういう用途でこの部屋を使うのかという状況設定をする。ここでは貸ビル内にある一般的な事務室を想定する。この場合の人口密度は1平方メートル当たり0・25人という値で計算することになっている。居室の面積は180平方メートルとして、居室にいる避難対象人数はこれを掛け算して求める。

0・25(人/平方メートル)

×180(平方メートル)=45(人)

次にこの人たちが居室から全員退出し終わる時間を計算する。これは出口から最も遠い人が扉まで歩行するのにかかる時間と、全員が出口を通過するのに要する時間の大きいほうで与えられる。つまり出口が狭く、通過するのに多く時間がかかる場合には、全員が退出する時間はこのボトルネックのみで決まり、このとき室内で出口から最も遠くにいる人は、全員が出口を通過する前に、出口の前の人だかりに到着していることになる。また、逆に出口幅が広く人がスムースに出ている場合は、出口での混雑はなく、全員退出する時間は出口から最も遠い人が出口に到着する時間で決まる。

それではまず歩行時間から計算しよう。室内を歩く速度も部屋の用途などによってさまざまに定められているが、この場合は毎秒1メートルとする。出口までの距離は、もちろん人が部屋のどこにいるかで変わってくるが、計算では出口から最も遠い人が部屋の中で最後に退出すると考え、この人が安全に出られるかどうかを調べる。しかも歩行ルートは出口まで最短距離で斜めに向かうのではなく、図のように壁に平行か垂直方向のみのジグザグ移動で考える決まりになっている。すると、図6-6より出口まで16メートルであるため、出口まで

1（メートル／秒）×16（メートル）＝16（秒）

かかることになる。

次に出口を全員が通過する時間は、流動係数を用いて計算する。流動係数とは、出口の幅1メートルあたり1秒間に退出する人数のことだ。そしてこの値は1・5人と

定められている。したがって、この部屋の出口の幅は1・6メートルなので、1秒当たりこの扉を通過する人数は

1・5（人／メートル・秒）×1・6（メートル）＝2・4（人／秒）

となる。これより、45人全員が退出するのにかかる時間は、

45（人）÷2・4（人／秒）＝18・75（秒）

と求まる。これより、全員が部屋から退出する時間は

16秒と18・75秒の大きいほう＝18・75秒

と求めることができた。つまりこの例の場合は、出口の前での混雑が、総退出時間を決定していたことになる。

そして、次にこの値が許容時間内かどうかをチェックする。この許容時間は部屋で火災が発生し、その煙が室内全体に広がる前に全員が出られるかということで定められたものだ。避難とは煙から逃げる行動なのだ。煙は上に昇っていくため、天井高が高いほどこの許容時間は長くなる。また部屋の面積が大きいほど許容時間は長い。実際にはこの掛け算で、天井の高さが6メートル未満の居室では、許容時間は2×部屋面積の平方根、と定められている。6メートル以上の天井高のときは3×部屋面積の平方根、とするが、この問題の場合は天井高6メートル以下として、許容時間は、

2×(180の平方根)(秒)＝26・8(秒)

となる。そして先ほど求めた居室避難時間がこの許容時間を下回っていれば、安全上は問題ないとされるのだ。したがってこの部屋の場合、18・75秒は許容時間を下回っているため、無事問題なしとなった。

以上が居室からの避難で、無事に基準をクリアしたが、次に廊下での人の滞留について考えてみよう。もし廊下に出てからその先で滞留してしまうと、部屋の出口の前までその滞留が伸びてきて、部屋から出ることができなくなるため、先ほどの居室避難計算も狂ってきてしまう。そのため、廊下には十分な滞留スペースが確保されていなくてはならない。これは、廊下の先にある扉から人が出ていく流量と、部屋から廊下へ出ていく人の流量とのバランスで求める。それにはグラフを描いて考えるとわかりやすい。

まず、部屋から廊下への流量は、先ほど求めたとおり1秒当たり2・4人。そして18・75秒かけて45人全員が出終わる。このグラフが図6‐8①だ。

次に同じ計算を廊下の扉についても行う。この問題では、廊下の扉の幅は0・8メートルとなっている。したがって1秒当たりこの扉を通過する人数は、

1・5(人／メートル・秒)×0・8(メートル)＝1・2(人／秒)

図6-7　避難計算の結果

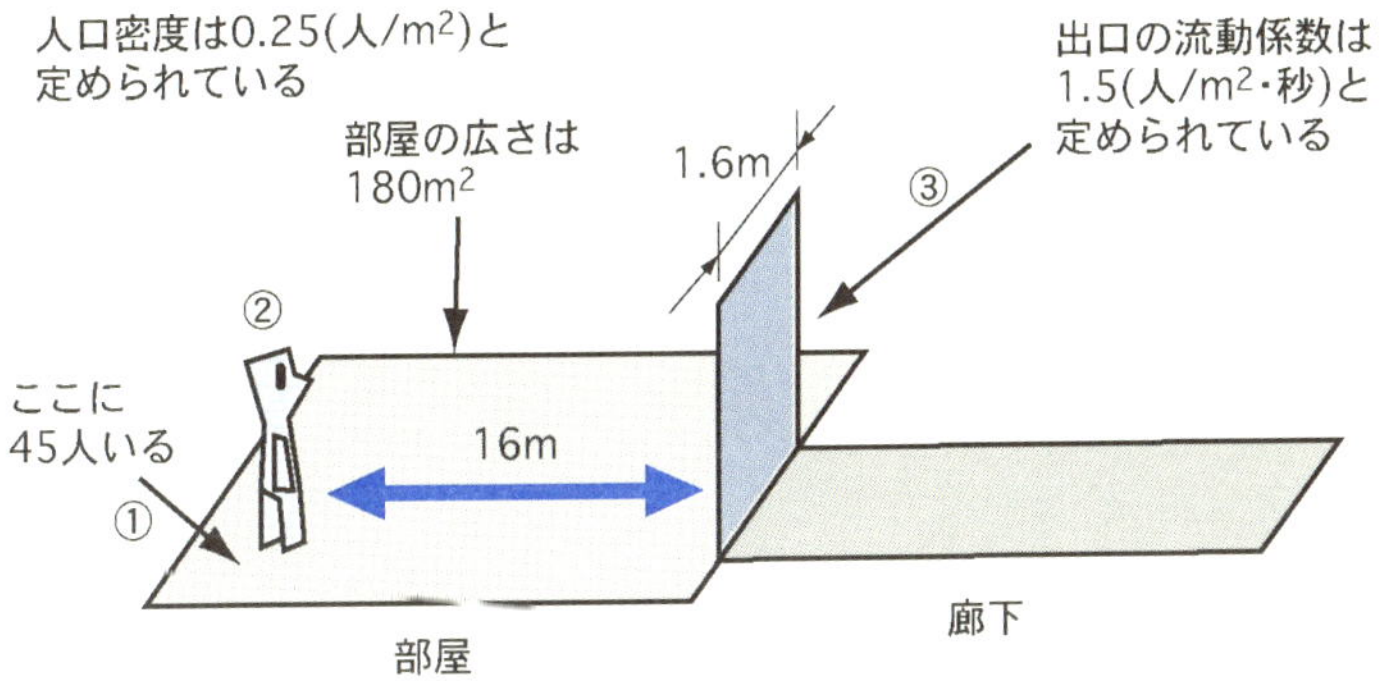

人口密度は0.25(人/m2)と
定められている
部屋の広さは
180m2
1.6m
出口の流動係数は
1.5(人/m2・秒)と
定められている
③
②
ここに
45人いる
①
16m
部屋
廊下

総退出時間

①部屋にいる人＝0.25(人/m2)×180(m2)＝45(人)
②もっとも遠い人が退出するまでの時間＝1(m/秒)×16((m)＝16(秒)
③扉の幅から計算する総退出時間
＝45(人)÷(1.5(人/m・秒)×1.6(m))＝18.75(秒)

よって②＜③なので、総退出時間は18.75秒④

安全基準を満たすかどうか

⑤許容時間＝2×$\sqrt{\text{部屋の面積}}$
＝2$\sqrt{180}$(秒)＝26.8(秒)

よって④＜⑤なので、安全基準を満たすことがわかった

図6-8　滞留を求めるグラフ

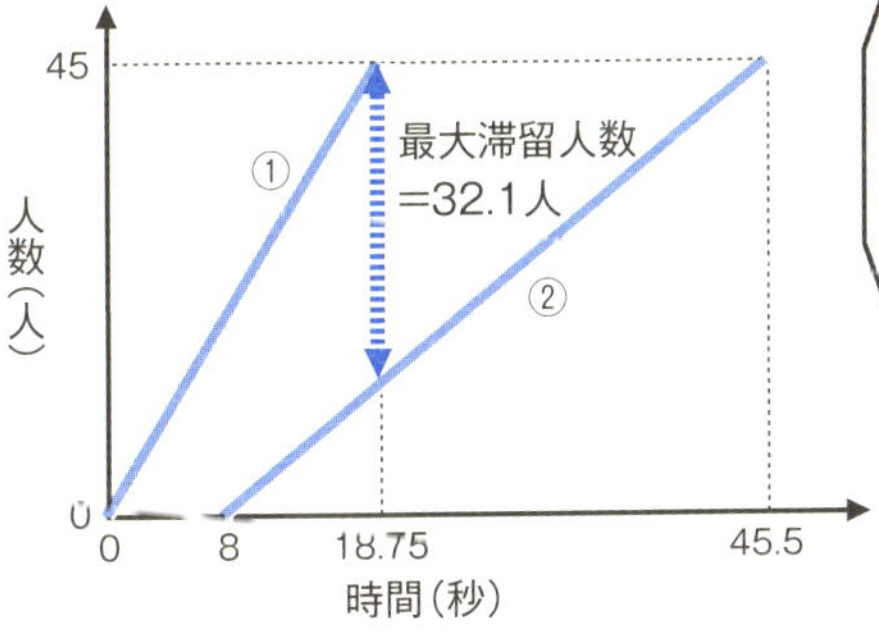

45
人数(人)
①
②
最大滞留人数
=32.1人
0
0
8
18.75
45.5
時間(秒)

廊下には最大で
32.1人滞留することが
見てとれますが
この人数は廊下の広さ
20㎡に安全上
問題なく収まる
ことができます

となる。そして全員が廊下から退出するのに要する時間は、

45（人）÷1・2（人／秒）＝37・5（秒）

となる。これをグラフで表したものが図6 - 8の②だ。

ただし、そのグラフは廊下を歩くのに必要な時間だけずらさなくてはならない。部屋の出口から廊下の扉まで8メートルであり、歩行速度は毎秒1メートルなので、8秒かかる。つまり部屋を出てから8秒後に廊下の扉からの退出が始まるのだ。

以上より、廊下への流入がグラフ①、流出がグラフ②なので、この差が廊下に滞留している人の数ということになる。その最大の値はグラフより32・1人と読み取ることができる。これはこの問題の場合、ちょうど部屋から全員が廊下に移動した時点の廊下の滞留人数になっている。

最後にこの32・1人が、図6 - 6の滞留ゾーンに全員入れるかどうかチェックする。滞留ゾーンは廊下全体ではないことに注意しよう。部屋の出口の前に人がたまっていれば部屋から人は出られなくなってしまう。したがって廊下のうち、同図の扉までの部分のみを滞留できる場所として考える。

同図の場合、この部分の面積は20平方メートルだ。そして、滞留する場合に1人が占める面積は、0・3平方メートルであると定められている。そのため、必要な滞留ゾー

ンの面積は、

32・1（人）×0・3（平方メートル／人）＝9・63（平方メートル）

と求められる。図の設計面積は20平方メートルで、この必要面積を上回っているので、廊下の滞留の問題も安全上OKとなる。このようにして、居室からの避難、また廊下での滞留がOKとなった。

以上が避難安全計算の概要だ。このような計算を建物から出るまですべてチェックする。複雑なフロアの構造になると、かなりややこしい計算をしなくてはならないが、いずれにしろすべてがOKかどうか調べなくてはならない。非常に手間のかかる作業だが、人命を守るために、建築物にはこのような細心の注意が設計段階で払われているのだ。

計算はある意味でマニュアルどおりにできるが、実際のパニック状況では計算どおりになるとは限らない。出口の前で人がつかえてしまい、流動係数が1・5という値を確保できなくなる場合も想定される。その意味でも、本書で述べてきたような、実際のさまざまな要素を考慮したモデル化とシミュレーションは非常に重要であることがわかるだろう。

過去の地震の教訓を避難行動に生かそう

本書の最後に、災害が起きたときに実際に私たちがとりうる避難行動について考えていこう。どうやら首都直下型地震がこれから30年以内に高い確率で来るらしい。地震国日本に住んでいる私たちは、１００年に一度は大きな地震に見舞われている。そのためにさまざまな経験や研究成果がこれまで集約されてきたが、実際に大地震が来てしまったら、いったい私たちは何をなしうるのだろうか。

皆さんはこれまで避難訓練を何度も経験しているだろう。しかし、実際に火事や地震に巻き込まれたときに、はたして訓練どおりうまく動けるか不安な人も多いだろう。人間は生命の危機にさらされたときにどのような行動をとるのか、というのは非常に難しい問題で、まだまだよくわかっていないことが多い。とくに人が多く集まっているときには、お互いの振る舞いが影響しあって、しばしば平静時では考えられない異常な行動をとってしまうことも知られている。

過去の例をもとに、地震に遭遇した際の人間の行動について知ることで、明日への教訓としよう。

阪神淡路大震災

（1995年1月17日午前5時46分、
マグニチュード7・2）

犠牲者6400人以上のうち、約80％は家や家具の下敷きになったことが原因だった。これは地震が起こったのが早朝で、多くの人が寝ていたからだと考えられる。神戸市消防局の調べでは、地震発生の瞬間に4割近くの人は何もできなかったそうだ。そして部屋の中で布団をかぶるなど簡単な身を守る動作をした人が3割、外に飛び出した人が1割、そして火の点検やガスの元栓をしめるなどが約1割だった。また、火気を使用していた人の約2割程度しか地震の最中に火を消せなかったというデータもある。

近畿地方は他の地方と比べてそれまで地震発生が少なく、ここで地震が起きるはずはないという意識が住

被災した商店街（写真提供：阪神・淡路大震災記念　人と防災未来センター）

民には強かったことが指摘されている。そのため、災害に対する備えが十分でなかったのだ。いつか大きな地震が来ると思っている人と、地震は来ないと思っている人ではいざというときの対応の様子はやはり大きく異なる。

また、震災後は道路が寸断され、すぐに消防車などが現場に行ける状態ではなかった。そのような中で、現場の住民はこのまま逃げるのか、それともできる範囲で建物の下敷きになっている人を助けるのか、極限の精神状態での選択を迫られた。このようなときにどう行動すればよいのかは、実は個人では判断できないし、また勝手な判断は危険でもある。このことは普段からの防災に関する地域全体の取り組みがいかに重要かを物語っている。

日本海中部地震

（１９８３年５月26日12時、マグニチュード７・７）

１０４人の犠牲者のうち、１００人が地震により発生した津波による犠牲者だった。被害の大きかった秋田市、男鹿市、能代市の約１０００人のアンケートによって、地震で揺れている際に各人がとった行動が明らかになった。外に飛び出したというのが約半数で、あとは火を消した、あるいは何もしなかったなどが続く。

① 男鹿水族館における津波の様子

(写真提供：①～④とも
秋田県男鹿地区消防本部)

②

③

④

津波の犠牲者がこのような多数に上がってしまった理由は、山が険しい男鹿市では、地震での山崩れが怖いというイメージから、浜のほうに逃げるという思いもあったのではないかという指摘もある。

また問題の津波警報を、津波が到着する前に認知したのは全体の4分の1しかいなかった。そして海から離れるにしたがってその認知度は下がっていた。また、警報を聞いた人の対応は、その過半数が大丈夫だと思って何もしなかったと答えている。これに比べてすぐに避難したなどの警戒行動をとったのはわずかに18%だった。そしてきちんと対応行動をとった人は、過去に地震や津波の経験があり、その心構えができていたという結果が出ている。この例でも防災意識を高めていざというときの対応策を頭に描いておくことの重要性がわかる。

伊豆大島近海地震

（1978年1月14日12時24分、マグニチュード7・0）

犠牲者は25人だったが、この地震が特別だったのは、その後の余震情報によるデマさわぎや群集パニックが発生したことだ。静岡県が出した余震情報を、すぐにまた大きな地震がやってくると受け取ってしまった人が全体の87%もいた。そしてその半数以上が不安を感じてしまった。このことから、地震の予知情報をどのようなタイミングで、どういった言葉で流すかということはかなり注意が必要であることがわかる。的確な情報を流さないと、より不安が広がり、全体の行動に影響を与えてしまう。

このように情報や噂がどのように全体に広まるのかも渋滞学の研究対象であり、噂を流れとしてとらえてモデル化をする研究が現在進められている。

おわりに

これまで車や人、生物のさまざまな渋滞とその分析、および解消方法について見てきた。本書を終える前にもう一度最後に強調したいのは、私たちが目指しているのは渋滞そのものの解消と同時に、自然な「創発的アプローチ」による「渋滞ストレス」の緩和だ。

法律によって罰則を強化して達成した強引な渋滞解消は、逆に人々にそれまで以上のストレスを与え好ましくない場合もあるのだ。したがってこれまで述べてきた創発的視点を、分野横断的な渋滞学によって基礎数理からきちんと考え、そして関係機関と協力して、さまざまな現場の問題へ応用していこうと現在働きかけている。

こうしてストレスのない社会を創発できたら素晴らしいと思う。これは皆さんの協力なしにはできないので、この渋滞学を基盤とした壮大な「社会実験」に少しでもご協力いただければこれほどの喜びはない。

2007年5月　　　　西成　活裕

■参考文献

・「渋滞学」 西成活裕著 新潮選書
・「アリはなぜ一列に歩くか」 山岡亮平著 大修館書店
・「現代社会心理学」 末永俊郎・安藤清志編 東京大学出版会
・「パニックの人間科学」 安部北夫著 ブレーン出版
・「火災から学ぶ」 東京消防庁予防部調査課監修 近代消防社
・「東名高速道路資料集」 西成活裕・林幹久編 交通数理研究会
・「新六法」 永井憲一他(共著) 三省堂
・「複雑さに挑む社会心理学」 亀田達也・村田光二(共著) 有斐閣アルマ
・「2001年版 避難安全検証法の解説及び計算例とその解説」
国土交通省他編集 井上書院

■発展的な内容については下記を参照

・「交通工学」 佐々木綱、飯田恭敬(共著) 国民科学社
・「交通工学」 大蔵泉著 コロナ社
・「パニック実験」 釘原直樹著 ナカニシヤ出版
・「セルオートマトン法―複雑系の自己組織化と超並列処理」
加藤恭義・光成友孝・築山洋(共著) 森北出版
・「セルオートマトン―複雑系の具象化」 森下信著 養賢堂
・T.Kretz, "Pedestrian traffic", Universitaet Duisburg-Essen 博士論文
・K. Nishinari, M. Fukui and A. Schadschneider, Journal of Physics A, vol.37, p.3101(2004)
・K.Nishinari and D.Takahashi, Journal of Physics A, vol.31, p.5439(1998)

■筆者ホームページ

http://soliton.t.u-tokyo.ac.jp/nishilab/

索引

Index

索引

Index

著者紹介

◎**西成活裕**（にしなり　かつひろ）

1967年東京生まれ。1995年に東京大学工学系研究科航空宇宙工学専攻博士課程終了後、山形大学工学部機械システム工学科に4年、龍谷大学理工学部数理情報学科に6年勤務。2002年～2003年にドイツのケルン大学理論物理学研究所にて客員教授。2005年より東京大学大学院工学系研究科航空宇宙工学専攻の准教授となり、現在に至る。専門はソリトンなど非線形動力学の数理と応用。大学時代はラグビーに熱中し、趣味はオペラアリアを歌うこと。研究室は「西成総研」と呼ばれ、非線形現象なら何でも幅広く研究対象にしている。最近は自己駆動粒子系の渋滞学を精力的に研究しており、その成果を一般向けにまとめた著書「渋滞学」（新潮選書）はベストセラーとなる。また日本テレビの人気番組「世界一受けたい授業！」に出演するなど、多くのテレビ、ラジオ、新聞などのメディアで取り上げられている。

●装丁、カバーイラスト

中村友和（ROVARIS）

●本文イラスト

早川　修

●写真協力

中部蟻類研究所／(財)知床財団／ Mark Granovetter ／阪神・淡路大震災記念　人と防災未来センター／秋田県男鹿地区消防本部

知りたい！サイエンス

クルマの渋滞　アリの行列

ー渋滞学が教える「混雑」の真相ー

2007年7月10日　初　版　第1刷発行

2022年6月7日　初　版　第3刷発行

著　者　西成活裕

発行者　片岡　巌

発行所　株式会社技術評論社

東京都新宿区市谷左内町21-13

電話　03-3513-6150　販売促進部

03-3513-6160　書籍編集部

印刷／製本　港北出版印刷株式会社

定価はカバーに表示してあります

ISBN978-4-7741-3124-5　C3042

Printed in Japan